한 권으로 끝 내는
중학수학
문장제

한 권으로 끝내는 중학수학 문장제

개정판 2쇄 발행 2023년 4월 27일

글쓴이   배수경
그린이   문진록

펴낸이   이경민
펴낸곳   (주)동아엠앤비
등록일   2014년 3월 28일(제25100-2014-000025호)
주소   (03972) 서울특별시 마포구 월드컵북로22길 21, 2층
전화   (편집) 02-392-6901 (마케팅) 02-392-6900
팩스   02-392-6902
이메일   damnb0401@naver.com
홈페이지 www.dongamnb.com

ISBN   979-11-6363-040-1(14410)
         979-11-6363-041-8(세트)

문장제와 서술형 시험을 대비하는
최고의 중학수학 학습서

한 권으로 끝내는

$\sqrt{}$ **중학수학**

문장제

$c^2 = a^2 + b^2$

배수경 지음 **문진록** 그림

동아엠앤비

중학교 수학 문장제는 유형별로 공략해라

한 초등학교 6학년 학생에게 이제껏 초등학교에서 배운 수학을 떠올려 보고 뭘 배웠는지 말해 보라고 했더니 가장 먼저 '문제 푸는 방법 찾기'라고 대답했다. 어라? 곱셈, 나눗셈이나 평면도형, 입체도형 정도의 답을 예상했던 터라 솔직히 조금 놀랐다. 왜 그렇게 답했을까 궁금해서 그 이유를 물어봤더니 매 학기 마지막 단원으로 '문제 푸는 방법 찾기'를 배웠는데 그 단원이 자기를 너무 힘들게 했단다.

그래서 이 학생에게 희망을 하나 심어 주기로 했다.

"앞으로 다시는 그런 단원은 보지 않게 될 거야. 중학교 수학 교과서뿐만 아니라 고등학교 수학 교과서에도 그 단원은 이제 없어."

이 말은 참말이지만 한편으로는 거짓말이기도 하다. 초등학교 때 그 단원에서 풀었던 문제들이 대부분 '문장으로 표현된 문제', 즉 '문장제'였다는 점을 감안한다면 중학교 수학 교과서에는 문장제 없는 단원이 단 하나도 없고 게다가 그 문장제를 여러 가지 방법으로 풀어내야만 하기 때문이다. 그리고 무엇보다 이 문장제가 여전히 대부분의 중학생

4

들을 골치 아프게 하고 있다!

어떻게 하면 문장제를 잘 풀 수 있을까?

수학은 무조건 문제를 많이 풀면 된다고 하니 2000~3000개쯤의 문제를 달달 풀면 될까? 물론 이 방법이 효과가 없는 건 아니다. 중학교 문장제는 유형별로 나눌 수 있기 때문에 최대한 많은 문제를 풀고 그 풀이 방법을 기억한다면 어느 정도의 효과를 거둘 수 있다. 하지만 효율적인 면에서 보면 이 방법은 별로 추천하고 싶지 않다. 그보다는 좀 더 체계적으로 문제를 뜯어보고 그 문제의 배경을 이해한 다음 문제 푸는 연습을 권한다. 이렇게 하면 훨씬 적은 수의 문제만 풀어도 분명 그 이상의 효과를 거둘 수 있다.

이제 막연하게 문제 풀이만 반복하는 물량공세적 공부 방법은 버리도록 하자. 골치 아픈 상대일수록 정면 승부가 필요한 법이다.

문장제라는 상대를 제대로 공략하기 위해서는 정확히 무엇을 알고 있어야 하는지 지금부터 하나 둘 철저히 파헤쳐 보자.

전국의 학생들이 수학을 말랑말랑하게 느끼게 되길 바라는

배수경

중학교
수학 문장제
공략 비법

수학 문장제에 대한 두려움부터 버려라

수학 문장제 풀이 비법 – 여섯 단계로 풀어라

수학 문장제 공략 비법

수학 문장제에 대한 두려움부터 버려라

'2+3'을 계산하라고 하면 금세 5라고 대답하는 학생에게 "승연이가 단팥빵을 2개 갖고 있는데 엄마가 단팥빵 3개를 더 주셨다면 승연이가 가진 단팥빵은 모두 몇 개인가요?"라는 문장제를 풀라고 하면 일단 주춤한다. 왜 그럴까?

'2+3'이라는 수식은 한눈에 들어오지만, 문장제는 그 안에 숨어 있는 수식을 단번에 파악하기 어렵기 때문이다. 일단 문장을 읽.어.야. 한다. 읽지 않으면 문제를 풀 기회조차 얻지 못한다.

그런데 대부분의 학생들은 문장을 읽기 싫어한다. 재미난 이야기라면 모를까, 이미 '수학 문제'라는 부담스런 타이틀을 달고 있는 문장은 영 읽기가 싫다.

재미없다는 것 말고 수학 문장제를 읽기 싫은 또 다른 이유가 있다면 무엇일까?

기껏해야 '2+3'을 계산하지 못할 리는 없고, 다만 문장을 '2+3'이라는 수식으로 바꿀 수 있을지 자신이 없기 때문이다. 바로 그것이 수학 문장제를 꺼리는 진짜 이유이다.

그런데 생각을 해 보자. 뭐 그리 대단한 문제가 나오겠는가? 난이도의 차이는 있겠지만 그래 봐야 배운 단원에서 해결 가능한 문제일 것이다. 필요 이상의 막연한 두려움이 문제를 읽는 것조차 방해해서는 곤란하다.

두려운 마음은 버리고 거만한 마음을 품어라!

이것이 문장제를 정복할 수 있는 첫 번째 준비다.

수학 문장제 풀이 비법 — 여섯 단계로 풀어라

거만한 마음을 가지고 문제를 읽을 준비가 되었다면 절반은 해낸 셈이다. 이제 읽은 문장을 식으로 바꾸는 작업을 해야 한다. 식으로 바꾸기만 하면 그다음은 이미 배운 계산 기술로 술술 풀면 된다.

그렇다면 어떻게 문장을 식으로 바꿀 수 있을까?

다음과 같이 여섯 단계로 생각하면 문제를 쉽게 풀 수 있다.

읽고 표시하기 문제를 읽고 구해야 하는 것을 표시하는 단계

먼저 문제를 읽어야 한다. 문제를 읽지 않은 상태에서 아무렇게나 눈에 들어오는 숫자를 더하거나 뺄 수는 없다. 우선 '수학 문제'라는 강박관념을 버린 채 친구가 보낸 메일이라고 생각하고 어떤 얘기를 하고 있는지 파악하면서 문장을 읽는다.

그렇게 한 번 문장을 읽었다면 이제는 연필을 들고 문제에 표시를 하면서 읽자. 문제에서 주어진 정보를 딱딱 끊어서 나누고 최종적으로 구해야 하는 것에 밑줄을 긋는다.

[2단계] **문제 이해하기** 문제의 소재, 구성, 배경 등을 이해하는 단계

1단계에서는 문제의 겉을 파악한 정도이다. 이건 마치 우리 반에 전학 온 아이를 처음 보았을 때 무슨 옷을 입었는지, 머리 스타일은 어떤지 살펴보는 것과 같다. 조금 더 가까워지면서 그 아이의 마음 씀씀이가 어떤지, 어떤 걸 좋아하는지 등을 알 수 있다.

문제도 마찬가지다. 2단계에서는 이 문제의 소재가 무엇인지, 해당하는 단원과 개념은 무엇인지 파악해야 한다. 이렇게 해야 문제를 풀 준비가 된 셈이다.

[3단계] **풀이 계획 짜기** 풀이 계획을 세우는 단계

1, 2단계를 통해 문제를 풀 기본을 갖추었다면 이제 본격적으로 문제를 풀어야 한다. 답을 구하기 위해 수식을 어떻게 세울 것인지 계획을 먼저 문장으로 써 보는 단계이다. 수식으로 좔좔 쓰려고 욕심을 내면 막혀서 겁나고 잘 풀리지 않는다.

[4단계] `조건 찾아 넣기` 풀이에 필요한 조건을 찾아 식에 대입하는 단계

풀이 계획을 세웠으면 이제 필요한 조건들을 문제에서 찾아서 문장으로 써 놓은 식 안에 쏙쏙 집어넣어라.

[5단계] `수식 계산하기` 세운 수식을 풀어 답을 구하는 단계

수식을 푸는 기술은 수업 시간에 충분히 연습했을 테니까 연습한 대로 정확히 계산하라.

[6단계] `정답 표현하기` 구한 답을 문제의 조건에 맞게 표현하는 단계

5단계에서 답이 나왔으니 이제 끝났다 싶겠지만 문장제의 특징 중 하나가 바로 이 6단계에 숨어 있다. 숫자로 표현된 답이 전부가 아니라는 뜻이다. 문제의 맥락에 맞게 그 수의 단위까지 잘 표현해야 하고, 때로는 숫자마저 조정해야 할 때도 있다. 마치 아주 맛난 음식을 먹을 때 꿀꺽 삼키기 전 그 맛을 천천히 느껴보듯이 과연 이렇게 구한 수가 그대로 문제의 답이 될 수 있는지, 어떤 단위를 붙여야 하는지 천천히 음미하는 과정이 필요하다.

예제

문제 하나를 예로 들어 각 단계별로 그 의미와 요령을 짚어 보자.
문제는 방정식 단원에서 뽑은 문장제 대표 유형이다.

**형과 동생이 가지고 있는 돈을 합하면 3200원이다. 형이 동생보다 600원을
더 가지고 있다면 동생이 가지고 있는 돈은 얼마인지 구하시오.**

[1단계] 읽고 표시하기

형과 동생이 가지고 있는 돈을 합하면 3200원이다. / 형이 동생보다 600
원을 더 가지고 있다면 / 동생이 가지고 있는 돈은 얼마인지 구하시오.
└─ 구해야 하는 것

[2단계] 문제 이해하기

문제의 소재 : 돈

돈은 양수이다. 양수 중에서도 자연수이다. 따라서 −550과 같은 음수
는 답이 될 수 없다. 만약 계산해서 음수가 나왔다면 문제를 잘못 푼
것이다.

문제와 관련된 단원 : 방정식

모르는 것을 미지수로 놓고 문제에서 주어진 정보를 이용해 등식을 세
워야 한다. 미지수가 한 개인 방정식을 세워야 한다.

[3단계] 풀이 계획 짜기

문제에서 구해야 하는 것, 즉 동생이 가지고 있는 돈을 미지수 x로 두

자. 그리고 '형과 동생이 가지고 있는 돈을 합하면 3200원이다.'라는 문장을 그대로 식으로 나타내 보자. 그런데 문제에서 형과 동생이 각각 가지고 있는 돈의 액수를 알려주지 않는다. 당연하다! 그래야 문제를 낼 수 있으니까!

(형이 가진 돈)+(동생이 가진 돈)=(3200원)이다.

[4단계] 조건 찾아 넣기

형이 동생보다 600원을 더 가지고 있다고 했으므로 형이 가지고 있는 돈은 $(x+600)$원이다.

따라서 (형이 가진 돈)+(동생이 가진 돈)=(3200원)이므로

$(x+600)+x=3200$이다. 이렇게 세운 식이 바로 x에 대한 일차방정식이다.

[5단계] 수식 계산하기

$$(x+600)+x=3200$$
$$2x+600=3200$$
$$2x=2600$$
$$x=1300$$

[6단계] 정답 표현하기

x가 1300이므로, 동생이 가지고 있는 돈은 1300이다. 음수가 아니므로 답으로 얼마든지 가능하다. 그런데 돈의 액수를 묻는 문제이므로 단위 '원'을 숫자 뒤에 붙인다. 따라서 이 문제의 정답은 '동생이 가지고 있는 돈은 1300원이다.'라고 표현해야 한다.

수학 문장제 공략 비법

첫째, 문장제의 모든 소재와 유형들과 친해져라!

무서운 영화에는 음산한 기운이 감돌거나 기이한 소리가 나는 장면이 꼭 있다. 주인공은 무서워서 벌벌 떨면서도 굳이 그 정체를 확인해 보고야 만다. 이때 주인공과 관객이 두려움을 느끼는 이유는 음향 효과나 분위기도 한몫하겠지만, 사실 정체 모를 무언가가 갑자기 튀어나올지 모른다는 불안감 때문이다.

문장제를 두려워하는 학생들도 마찬가지다. 문장제가 어떻게 출제될지 모르기 때문에 두려운 것이다. 그런데 다행인 것은 수학 교과서에서 다루어지는 문장제의 소재나 유형이 끝을 모를 만큼 무궁무진하진 않다는 것이다. 수학경시대회나 아주 수준 높은 선발고사의 경우라면 몰라도 학교시험에 나오는 문제들은 이미 개발된 유형을 크게 벗어나지 않는다.

그렇다면 전략은 간단하다. 교과서에 나온 문장제의 소재와 배경, 유형들을 모두 익혀 친해지자. 각 단원별로 유형을 정리해 보면 사실 그리 많지도 않다.

둘째, 우리나라 교과서에 나오는 문장제는 꼭 필요한 조건만 있음을 기억하라!

수학 교육적인 면에서는 치명적인 약점일 수 있는데, 문제를 해결하는 데 필요 없는 조건은 아예 문제에 제시되지 않는다. 문제를 푸는 데 필요한 조건을 군더더기 없이 깔끔하게 표현하고 있을 뿐 아니라 문제 해결에 도움을 더 주고 싶을 땐 그림까지 보너스로 나온다. 따라서 문제에서 주어진 조건, 특히 숫자로 제시된 조건을 빠짐없이 사용했는지 살펴보는 것도 중요한 전략이다.

셋째, 해결 방법이 떠오르지 않을 때는 꼬리에 꼬리를 물고 질문하라!

문제가 너무 길거나 주어진 조건이 복잡할 때는 어디서부터 손을 대야 할지 몰라 한숨이 나올 때가 있다. 이런 경우에는 문제가 묻고 있는 것부터 시작해 꼬리에 꼬리를 물고 스스로에게 질문을 던져라. 그렇게 하다 보면 필요한 실마리를 찾아 문제를 해결할 수 있다. 질문을 하면서 생각의 방향을 잡아 나가는 것이다.

예를 들어 보자.

> 물이 흐르는 속력이 시속 3km인 강에서 모터보트를 타고 12km 떨어진 강의 하류로 내려가는 데 48분이 걸렸다고 한다. 강의 하류에서 처음 출발한 지점으로 거슬러 되돌아오는 데 걸리는 시간을 구하시오. (단, 모터보트의 속력은 일정하다.)

질문 1. 묻고 있는 게 무엇인가?

　　　　거슬러 되돌아오는 데 걸리는 시간

질문 2. 걸리는 시간을 구하려면 무슨 식을 이용하면 될까?

　　　　$(시간) = \dfrac{(거리)}{(속력)}$

질문 3. 모터보트가 강을 거슬러 올라가는 거리는 얼마인가?

　　　　강의 길이이므로 내려올 때의 거리와 같은 12km이다.

질문 4. 모터보트가 강을 거슬러 올라가는 속력은 얼마인가?

이건 문제에 직접 제시되지 않지만 모터보트가 강을 내려올 때의 상황이 주어졌으므로 속력을 알 수 있다. 속력만 구하면 질문 2의 식을 이용해서 답을 구할 수 있다.

이렇게 꼬리를 문 질문을 따라 내려가다 보면 아무리 복잡한 문제라도 어디서부터 풀어나갈지 실마리를 잡아낼 수 있다.

마지막으로 한 가지 더! 답을 구하고 나서는 반드시 검산을 하라!

검산을 하면 정답률을 확실히 높일 수 있다. 풀었던 방법으로 다시 한 번 푸는 것은 제대로 된 검산이 아니다. 만약 풀이 방법이 틀렸다면 시간낭비일 뿐이다.

검산은 풀었던 방법과는 다른 방법 혹은 문장 속에 내가 구한 답을 넣어서 앞뒤가 맞는지 확인하는 방법을 사용하는 것이 좋다. 앞에서 살펴본 수학 문장제 풀이 비법의 예제로 돌아가 보자.

동생이 가진 돈이 1300원이라는 답을 구했기 때문에 문제의 내용에 그 답을 대입하여 형이 가진 돈을 구한다.

(형이 가진 돈) = 3200 - 1300 = 1900
(형이 가진 돈) - (동생이 가진 돈) = 1900 - 1300 = 600

따라서 형이 동생보다 600원을 더 가지고 있다는 문제 조건과 일치하므로 맞는 답이다.

물론 시간 내에 문제를 풀어야 하는 상황에서 시간이 모자란다면 이런 검산 과정은 꿈도 못 꿀 일이지만 평소 공부를 할 때는 충분히 연습해야 한다. 문제를 푸는 방법이 다양하다면 다른 방법으로 풀어 같은 답이 구해지는지 체크하는 것도 좋은 검산 방법이다.

중학교
수학 문장제
유형별 공략

01
최대공약수

최대공약수에는 '나눈다.'라는 의미가 포함되어 있다.

최대공약수 개념

초등학교 때 이미 배운 단원이라 낯설지는 않을 것이다. 하지만 문장제가 많이 출제되는 단원이므로 그 유형을 잘 익혀 두어야 한다. 최대공약수는 잘 알다시피 둘 이상의 자연수를 대상으로 한다. 중학교 과정에서는 두 수, 많아 봐야 세 수의 최대공약수를 주로 다룬다.

예를 들어 두 수 12와 18을 생각해 보자.

12의 약수 : 1, 2, 3, 4, 6, 12

18의 약수 : 1, 2, 3, 6, 9, 18

12와 18의 공통인 약수, 즉 '공약수'는 1, 2, 3, 6이다. 이 중 가장 큰 수인 6이 '최대공약수'이다. 최소공약수는 언제나 1이기 때문에 큰 의미를 두지 않는다.

문장제 유형 소개

최대공약수 문장제 안에는 '나눈다.'라는 의미의 문장이 포함되어 있다. 그래서 가장 기본적인 문장제는 과일, 학용품 등과 같은 것을 가능한 한 많은 사람들에게 똑같이 나누어 주는 유형이다. 이와 비슷한 유형으로는 큰 직사각형 종이를 같은 크기의 작은 정사각형들로 자르는 유형도 있다. 결국 종이를 자르는 것도 나누는 것과 같은 유형이라고 할 수 있다. 그리고 크기가 정해진 벽에 가능한 한 큰 정사각형의 타일을 빈틈없이 붙이는 유형도 있다.

조금 난이도가 높아지면 딱 맞게 나누어떨어지지 못하고 조금 남거나 부족한 상황을 제시하는 과부족 문제 혹은 일정한 간격으로 나무를 심는 나무 심기 문제가 있다.

최대공약수 문장제는 소재를 잘 파악해 두면 문제를 푸는 실마리를 금방 찾을 수 있다.

공략 비법–단어로 최대공약수 문장제 알아채기

최대공약수 문장제의 최대 난관은 최소공배수 문장제와 구별하기 어렵다는 점이다. 문제가 이 둘 중 어떤 것인지만 파악해도 훨씬 풀기 쉽다. 하지만 걱정하긴 이르다. 방법은 분명히 있다. 문장제 속에 숨은 '단어'와 '소재'가 바로 문제 파악의 핵심이다.

최대공약수 문제임을 암시하는 단어는 바로 '가능한 한 많이', '최대한', '가장 큰'이다. 문제 안에 이 단어들이 있다면 틀림없는 최대공약수 문제라고 생각하면 된다.

또한, 문제의 소재가 모둠 나누기, 연필 나누어 주기, 타일 붙이기 같은 것이라면 나누는 것, 즉 약수와 관련 있기 때문에 역시 최대공약수 문제이다.

문제
난이도 ★

공책 60권, 연필 96자루를 가능한 한 많은 학생들에게 똑같이 나누어 주려고 한다. 최대 몇 명의 학생에게 나누어 줄 수 있는지 구하시오.

읽고 표시하기

공책 60권, / 연필 96자루 / 를 가능한 한 많은 학생들에게 / 똑같이 나누어 주려고 / 한다. 최대 몇 명 / 의 학생에게 나누어 줄 수 있는지 구하시오.

문제 이해하기   문제에서 가장 결정적인 단어가 눈에 띈다.
'가능한 한 많은'과 '똑같이 나눈다.'이다. 이는 '최대'와 '약수'임을 의미하므로, 이 문제가 최대공약수 문제라는 걸 알 수 있다.

풀이 계획 짜기   두 종류의 학용품을 나누어 주므로 두 수의 최대공약수를 구하자.

28

공책과 연필을 나누어 주는 것이므로 문제에서 공책과 연필의 개수를 찾아야 한다.

공책 60권, 연필 96자루 → 60과 96의 최대공약수 구하기

최대공약수를 구하는 방법은 여러 가지가 있으나 가장 많이 쓰는 방법을 활용하자.

```
2 ) 60  96
2 ) 30  48
3 ) 15  24
       5   8
```

$\longrightarrow 2 \times 2 \times 3 = 12$

최대 12명의 학생들에게 나누어 줄 수 있다.

1 귤 48개와 호두과자 60개를 되도록 많은 학생들에게 남김없이 똑같이 나누어 주려고 한다. 최대 몇 명에게 나누어 줄 수 있는지 구하시오.

가능한 한 큰 정사각형 타일 붙이기

문제
난이도 ★★

> 가로의 길이가 180 cm, 세로의 길이가 120 cm인 직사각형의 벽에 가능한 한
> 큰 정사각형의 타일을 빈틈없이 붙이려고 한다. 이때, 가장 큰 타일의 한 변의
> 길이는 몇 cm로 하여야 하는지 구하시오.

읽고 표시하기

가로의 길이가 180 cm, / 세로의 길이가 120 cm / 인 직사각형의 벽에

가능한 한 큰 정사각형의 타일 / 을 빈틈없이 붙이려고 한다. 이때, 가

장 큰 타일의 한 변의 길이는 몇 cm로 하여야 하는지 구하시오.

문제 이해하기   타일이라는 소재만 보고 이미 최대공약수 문제라 판

단해도 그리 무리가 없다. 하지만 그것만으로도 부족하다. 게다가 나눈

다는 말이 없기 때문에 약수 문제가 맞는지 조금 망설여질 수도 있다.

이럴 때 확신을 줄 수 있는 다른 힌트가 있는데 그것이 바로 '가능한

한 큰'이라는 단어이다. 이 말은 최대를 의미하는 것이므로 최대공약

수 문제가 틀림없다. 그래도 최대공배수 문제일 수도 있다고 의심이

간다면, 2와 3의 최대공배수를 생각해 보자.

2의 배수는 2, 4, 6, 8, 10, 12, 14, 16, 18, …이고 3의 배수는 3, 6, 9, 12, 15, 18, …이므로 공배수는 6, 12, 18, …이다. 이런 식으로 두 수의 공배수는 끝없이 찾을 수 있기 때문에 최대공배수는 다룰 수 없다. 그렇기 때문에 최대공배수를 구하라는 문제일 리는 없다.

그래도 아직 미심쩍다고 한다면 좀 더 꼼꼼히 따져 보기로 하자.

자, 이미 크기가 정해진 어떤 벽에 빈틈없이 타일을 붙이려면 벽의 가로 길이와 타일의 가로 길이가 얼마여야 할지 생각해 보자. 가로의 길이만 생각할 때, 만약 타일의 가로 길이가 180cm라면 단 한 장의 타일을 붙이면 된다. 90cm라면 두 장으로 가능하다. 하지만 100cm 타일이라면 한 장을 붙일 수는 있지만 빈틈이 생겨서 적당하지 않다. 그렇다면 빈틈없이 붙일 수 있는 타일의 가로 길이는 분명 180의 약수일 수밖에 없다.

세로 길이도 마찬가지다. 그러므로 타일의 세로 길이는 120의 약수이다. 그런데 문제에서 타일은 가로와 세로의 길이가 같은 '정사각형'이라고 했기 때문에 결국 타일의 한 변의 길이는 180과 120의 공약수이어야 한다는 결론에 도달한다.

180과 120의 공약수는 무척 많다. 얼른 생각해 봐도 2, 6, 10 등이 떠오른다. 하지만 문제에 조건이 명시되어 있다. '가능한 한 큰' 타일이라고 했기 때문에 180과 120의 최대공약수를 구해야 한다.

이렇게 생각하면 더 쉬울 수도 있다.

벽을 '직사각형 종이'라고 생각하고 가위질을 한다고 생각하자. 종이를 잘라서 생기는 정사각형을 각각의 타일이라고 본다면 180과 120의 최대공약수를 구하라는 문제의 의미가 더욱 명확해진다.

풀이 계획 짜기 벽의 가로 길이와 세로 길이의 최대공약수 구하기

조건 찾아 넣기 가로의 길이가 180 cm이고, 세로의 길이가 120 cm인
직사각형의 벽 → 180과 120의 최대공약수 구하기

수식 계산하기

$$
\begin{array}{r|rr}
2 & 180 & 120 \\
2 & 90 & 60 \\
3 & 45 & 30 \\
5 & 15 & 10 \\
\hline
 & 3 & 2
\end{array}
$$

$$\longrightarrow 2 \times 2 \times 3 \times 5 = 60$$

정답 표현하기 정사각형 타일의 한 변의 길이는 60 cm이다.

33

2 가로의 길이가 126 cm, 세로의 길이가 90 cm인 직사각형의 벽에 남는 부분 없이 가능한 한 큰 정사각형의 타일을 붙이려면 정사각형 타일의 한 변의 길이를 몇 cm로 하면 되는지 구하시오.

문제
난이도 ★★★

귤 27개, 사과 46개, 복숭아 77개를 되도록 많은 학생들에게 똑같이 나누어 주었더니 귤은 3개가 부족하고 사과와 복숭아는 각각 1개, 2개가 남았다고 한다. 이때, 나누어 줄 수 있는 학생은 최대 몇 명인지 구하시오.

읽고 표시하기

귤 27개, / 사과 46개, / 복숭아 77개 / 를 되도록 많은 학생들에게 똑같이 나누어 / 주었더니 귤은 3개가 부족하고 / 사과와 복숭아는 각각 1개, 2개가 남았다 / 고 한다. 이때, 나누어 줄 수 있는 학생은 최대 몇 명인지 구하시오.

문제 이해하기 똑같이 나누고 최대 인원을 묻는다는 점에서 최대공약수 문제라는 걸 눈치챌 수 있다. 하지만 성급하게 27, 46, 77의 최대공약수를 구하려고 한다면 큰 실수다. 최대공약수를 구해 놓고도 답이 이상해서 금방 고개를 갸웃거리고 말 테니까. 27, 46, 77의 최대공약수는 1인데 최대 1명에게 나누어 줬다니 뭔가 많이 이상하다. 잘못되었

35

다는 걸 알고서도 그다음을 어떻게 해야 할지 고민이라면 문제 안에 아직 활용하지 않은 힌트를 찾아라. 문제의 의미를 다시 꼼꼼히 따져 보자.

이 문제의 핵심 단어는 '부족하다.'는 것과 '남는다.'는 것이다.

부족하다는 것은 그 부족한 개수를 채우면 꼭 맞게 나누어 줄 수 있다는 것이고, 남는다는 것은 그 남는 개수만 버리면 꼭 맞게 나누어 줄 수 있다는 말이다.

풀이 계획 짜기　　그렇다면, 주어진 문제에서 부족한 개수와 남는 개수를 잘 파악하고 꼭 맞게 나누어 줄 수 있는 귤, 사과, 복숭아의 개수를 찾아서 그 세 수의 최대공약수를 구하면 되겠다.

조건 찾아 넣기　　귤은 3개 부족하고 → 이 말은 귤 27개로는 똑같이 나누어 주지 못했다는 말이다. 만약 3개가 더 있어서 30개라면 똑같이 나누어 줄 수 있다는 의미이다. 따라서 꼭 맞게 나누어 줄 수 있는 귤의 개수는 30이다.

사과는 1개 남았다. → 이 말은 46에서 1개를 뺀 45개면 똑같이 나누어 줄 수 있다는 말이다. 꼭 맞게 나누어 줄 수 있는 사과의 개수는 45이다.

복숭아는 2개 남았다. → 이 말 역시 77에서 2개를 뺀 75개면 똑같이 나누어 줄 수 있다는 말이다. 꼭 맞게 나누어 줄 수 있는 복숭아의 개수는 75이다.

따라서 30, 45, 75의 최대공약수 구하기 문제이다.

```
3 ) 30 45 75
5 ) 10 15 25
      2  3  5
```
$\longrightarrow 3 \times 5 = 15$

　　　귤, 사과, 복숭아를 똑같이 나누어 줄 수 있는 학생은 최대 15명이다. 각각 학생들에게 귤 1개, 사과 3개, 복숭아 5개씩 나눠 줄 수 있다. 최대한 많은 학생들에게 나눠 주고 남는 귤은 12개, 사과는 1개, 복숭아는 2개이다.

'남는다.', '부족하다.'는 의미를 파악하지 못하면 틀리기 쉬운 문제야.

3 공책 38권, 볼펜 40자루, 연필 56자루를 되도록 많은 학생들에게 똑같이 나누어 주었더니 공책은 2권이 남고 볼펜과 연필은 각각 2자루, 4자루가 부족했다. 학생들은 최대 몇 명이 있었는지 구하시오.

4 일정한 간격으로 나무 심기

 문제
난이도 ★★★★

가로, 세로의 길이가 각각 60m, 96m인 직사각형의 땅이 있다. 이 땅의 둘레에 같은 간격으로 나무를 심으려고 한다. 직사각형의 네 꼭짓점에는 반드시 나무를 심고, 심는 나무의 개수가 최소가 되게 하려면 나무 사이의 간격은 몇 m로 하여야 하는지 구하시오.

읽고 표시하기

두 변의 길이가 각각 60m, 96m인 직사각형 / 의 땅이 있다. 이 땅의 둘레에 같은 간격으로 나무를 심으려고 한다. / 직사각형의 네 꼭짓점에는 반드시 나무를 심고, / 심는 나무의 개수가 최소 / 가 되게 하려면 나무 사이의 간격은 몇 m로 하여야 하는지 구하시오.

문제 이해하기   이 문제가 우리를 혼란스럽게 하는 것은 '최소'라는 단어 때문이다. 바로 이것 때문에 '최소공배수'를 묻는 문제라고 성급히 판단하고 문제를 풀면 매우 이상한 결론에 도달한다. 60과 96의 최소공배수는 480이기 때문에 나무들의 간격이 480m가 된다. 두 변의

39

길이가 각각 60 m, 96 m인 직사각형의 땅에 480 m 간격으로 나무를 심는다는 건 말이 안 된다. 그림을 그려 생각해 보면 얼른 고개가 끄덕여질 것이다.

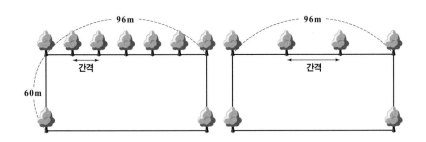

가로가 96 m인 땅에 일정한 간격으로 나무를 심는다면 최소 개수로 나무를 심을수록 나무 사이의 간격이 최대로 커진다. 그러니까 문제에서 나무를 최소로 심는다는 말은 나무 사이의 간격은 최대로 하겠다는 의미로 해석해야 한다. 즉, 이것은 최대공약수 문제이다.

풀이 계획 짜기 　　　묻고 있는 것이 나무 사이의 간격이니 간격에 초점을 맞추어 위의 그림을 다시 한 번 살펴보자.

그림에서 알 수 있듯이 가로 변에 심을 나무 사이의 간격은 결국 96의 약수가 된다. 세로 변에 심을 나무의 간격 또한 같게 할 것이므로, 결국 두 변의 길이의 공약수를 구해야 하고 그중에서 최대 간격을 찾아야 하므로 최대공약수를 구해야 한다.

　　두 변의 길이가 각각 60 m, 96 m인 직사각형

→ 60과 96의 최대공약수 구하기

```
2 ) 60  96
2 ) 30  48
3 ) 15  24
      5   8
```
→ 2×2×3＝12

　　나무 사이의 간격은 12 m로 한다.

4 가로, 세로의 길이가 각각 84 cm, 98 cm인 직사각형의 화단 둘레에 일정한 간격으로 화분을 놓으려고 한다. 네 모퉁이에는 반드시 화분을 놓기로 할 때, 놓으려고 하는 화분의 개수를 최소로 하려면 화분 사이의 간격은 몇 cm로 해야 하는지 구하시오.

02
최소공배수

최소공배수에는 '곱한다.'라는 의미가 포함되어 있다.

최소공배수 개념

최대공약수를 공부했다면 최소공배수 역시 빼놓을 수 없다. 최소공배수도 공통의 배수이므로 둘 이상의 자연수를 대상으로 한다. 주로 두 수, 많아 봐야 세 수의 최소공배수를 구한다.

예를 들어 두 수 2와 3을 생각해 보자.

2의 배수 : 2, 4, 6, 8, 10, 12, 14, 16, 18, …

3의 배수 : 3, 6, 9, 12, 15, 18, …

공통의 배수인 '공배수'는 6, 12, 18, …이다. 바로 이 수들 중에서 가장 작은 수인 6이 바로 '최소공배수'이다. 배수는 무한히 계속 생기므로 공배수 중에서 가장 큰 수는 구할 수 없다. 따라서 최대공배수는 구하지 않는다.

문장제 유형 소개

최소공배수 문장제 안에는 '곱한다.'라는 의미의 문장이 포함되어 있다. 뭔가 일정한 비율로 더 늘어나고 쌓이는 식의 문제 유형들이 많다. 직사각형 종이를 늘어놓아 전체의 모양이 정사각형이 되도록 하는 문제, 직육면체 상자를 쌓아서 전체의 모양이 정육면체가 되도록 하는 문제, 크기가 다른 톱니바퀴를 돌리는 문제, 몇 분마다 정기적으로 출발하는 버스를 소재로 하는 문제, 며칠마다 정기적으로 병원을 방문하는 소재의 문제 등이 있다.

공략 비법 – 단어로 최소공배수 문장제 알아채기

최소공배수 문장제인지 파악하는 요령은 문제 속에 숨어 있는 특징적인 단어들을 찾는 것이다. '최소'라는 말을 풀어 놓은 '가능한 한 적은', '최소한', '가장 작은'이 바로 핵심 단어들이다.

또한 문제의 소재를 보아도 알 수 있는데 배수를 의미하는 늘어놓기, 쌓기 등의 소재인지 살펴보면 된다. 무언가 크게 만들어지고 쌓이고 계속 반복되는 상황에 적절한 소재의 문제일 경우 최소공배수 문제라고 생각하면 틀림없다.

문제
난이도 ★

> 가로의 길이가 5cm, 세로의 길이가 6cm인 직사각형의 종이가 있다. 이 종이를 빈틈없이 여러 장 늘어놓아서 가능한 한 크기가 가장 작은 정사각형을 만든다면 한 변의 길이는 얼마인지 구하시오.

읽고 표시하기

가로의 길이가 5 cm, / 세로의 길이가 6 cm / 인 직사각형의 종이가 있다. 이 종이를 빈틈없이 여러 장 늘어놓아서 가능한 한 크기가 가장 작은 정사각형 / 을 만든다면 한 변의 길이는 얼마인지 구하시오.

문제 이해하기 　　주어진 종이는 '직사각형'이고 여러 장이 있다. 이것들을 늘어놓아서 전체의 모양이 '정사각형'이 되게 하려고 한다. 이 문제에서 가장 핵심은 정사각형이 되려면 가로의 길이와 세로의 길이가 같아야 한다는 사실이다.

그렇다면 만들어지는 정사각형의 가로 길이와 세로 길이는 어떻게 정해질까?

주어진 직사각형 종이를 늘어놓아 만드는 것이므로, 가로의 길이를 예로 든다면 직사각형 종이의 가로 길이에 종이 개수를 곱하여 구한다. 세로 길이도 마찬가지 방법을 적용한다.

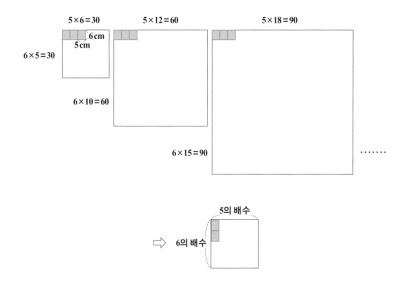

풀이 계획 짜기 정사각형에 대한 이해를 바탕으로 문제에서 만들어지는 정사각형의 가로 길이와 세로 길이가 같아야 함을 알았다.

(정사각형의 가로 길이)=(정사각형의 세로 길이)이므로, (직사각형 가로 길이의 배수)=(직사각형 세로 길이의 배수)이어야 한다. 따라서 직사각형의 가로 길이와 세로 길이의 공배수를 구해야 한다.

그런데 그런 정사각형 중에서 가능한 한 크기가 가장 작은 정사각형이라고 했으므로 직사각형의 가로 길이와 세로 길이의 최소공배수를 구하면 된다.

가로의 길이가 5 cm, 세로의 길이가 6 cm인 직사각형 → 5와 6의 최소공배수 구하기

5와 6의 최소공배수는 5×6＝30이다.

가능한 한 크기가 가장 작은 정사각형의 한 변의 길이는 30 cm이다.

1 가로의 길이가 15 cm, 세로의 길이가 12 cm인 직사각형을 겹치지 않게 빈틈없이 붙여 가장 작은 정사각형을 만들려고 한다. 이때 만들어지는 정사각형의 한 변의 길이를 구하시오.

2 | 직육면체를 쌓아서 가장 작은 정육면체 만들기

문제
난이도 ★★

> 가로, 세로, 높이가 각각 8cm, 20cm, 16cm인 직육면체 모양의 벽돌이 있다.
> 이것을 빈틈없이 쌓아서 가능한 한 작은 정육면체 모양을 만들려고 한다. 벽돌
> 은 모두 몇 장이 필요한지 구하시오.

읽고 표시하기

가로, 세로, 높이가 각각 8cm, 20cm, 16cm인 직육면체 모양의 벽
돌 / 이 있다. 이것을 빈틈없이 쌓아서 가능한 한 작은 정육면체 / 모
양을 만들려고 한다. 벽돌은 모두 몇 장이 필요한지 구하시오.

문제 이해하기　　　　앞의 직사각형 종이를 늘어놓아 정사각형을 만드는
문제는 평면도형에 대한 것이다. 그런데 이 문제는 그보다 한 차원을
높인 '입체도형'에 대한 문제이다.

우선 벽돌은 직육면체 모양이다. 그리고 이러한 직육면체를 가로, 세로
그리고 높이 방향으로 쌓아 간다. 그렇게 쌓은 전체의 모양이 정육면
체가 되게 만들어야 한다. 어릴 때 가지고 놀던 블록을 생각해 보면 어

렵지 않다.

점점 크게 만들어지는 입체도형의 길이는 원래 주어진 벽돌 길이의 배수가 된다.

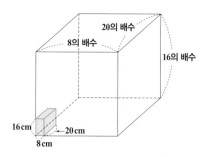

정사각형일 때와 마찬가지로 정육면체의 특징은 모든 모서리의 길이가 같다는 것이다. 하지만 이 문제를 앞의 문제와 똑같이 다룰 순 없다. 왜냐하면 정육면체의 모서리의 길이를 물은 게 아니라 정육면체를 만드는 데 필요한 벽돌의 수를 물었기 때문이다.

풀이 계획 짜기   벽돌의 각 길이의 배수가 정육면체의 길이가 되고 이렇게 만든 정육면체 중에서 가능한 한 작은 것이라고 했기 때문에 일단 벽돌의 각 길이의 최소공배수를 구한다.

(가로 길이의 배수) = (세로 길이의 배수) = (높이의 배수)

이므로, 벽돌의 가로, 세로, 높이, 세 수의 공배수를 구한다. 그중 최소공배수를 구하면 된다.

그런데 이 문제는 벽돌의 개수를 물었기 때문에 각 방향으로 벽돌이 몇 장씩 들어갔는지 구한다.

(가로에 들어간 벽돌 개수)=(정육면체의 가로 길이)÷(벽돌의 가로 길이),

(세로에 들어간 벽돌 개수)=(정육면체의 세로 길이)÷(벽돌의 세로 길이),

(높이에 들어간 벽돌 개수)=(정육면체의 높이)÷(벽돌의 높이)

이다.

마지막으로

(필요한 벽돌 개수)=(가로에 들어간 벽돌 개수)×(세로에 들어간 벽돌 개수)×(높이에 들어간 벽돌 개수)

를 이용하여 필요한 벽돌의 총 개수를 계산한다.

조건 찾아넣기 가로, 세로, 높이가 각각 8 cm, 20 cm, 16 cm인 벽돌이 있다. → 8과 20과 16의 최소공배수 구하기

수식 계산하기

$$
\begin{array}{r}
2\,)\,\underline{8\quad 20\quad 16} \\
2\,)\,\underline{4\quad 10\quad 8} \\
2\,)\,\underline{2\quad 5\quad 4} \\
1\quad 5\quad 2
\end{array}
$$

$\longrightarrow 2\times2\times2\times1\times5\times2=80$

가로에 들어간 벽돌 개수는 $80÷8=10$이고 세로에 들어간 벽돌 개수는 $80÷20=4$이고 높이에 들어간 벽돌 개수는 $80÷16=5$이다.

따라서 벽돌의 총 개수는 $10\times4\times5=200$이다.

정답 표현하기 필요한 벽돌은 200장이다.

2 가로의 길이가 7 cm, 세로의 길이가 6 cm, 높이가 14 cm인 직육면체 상자를 빈틈없이 쌓아서 가장 작은 정육면체 모양을 만들려고 한다. 이때, 직육면체 상자는 모두 몇 개가 필요한지 구하시오.

3 크기가 다른 톱니바퀴 돌리기

문제
난이도 ★★★

서로 맞물려 도는 톱니바퀴 A와 B가 있다. A와 B의 톱니 수는 각각 12개, 18개이다. 두 톱니바퀴가 돌기 시작하여 다시 처음의 위치로 돌아오려면 A, B는 각각 몇 바퀴를 돌아야 하는지 구하시오.

읽고 표시하기

서로 맞물려 도는 톱니바퀴 A와 B가 있다. / A와 B의 톱니 수는 각각 12개, / 18개 / 이다. 두 톱니바퀴가 돌기 시작하여 다시 처음의 위치로 돌아오려면 / A, B는 각각 몇 바퀴를 돌아야 하는지 구하시오.

문제 이해하기   톱니바퀴 문제는 그야말로 최소공배수 문장제에서 약방에 감초격인 유형이다. 하지만 톱니바퀴를 제대로 본 적이 없다면 문제를 파악하기 어려울 수 있다. 둘레에 일정한 간격의 톱니가 있는 톱니바퀴는 크기가 서로 다른 여러 개의 톱니바퀴가 맞물려 돌아간다. 톱니바퀴의 원리를 직접 확인하고 싶다면 과감히 아날로그 시계 하나를 뜯어 보는 것도 한 방법이다. 그러면 시침과 분침 그리고 초침을 조종하는 톱니들을 볼 수 있을 것이다.

드르륵드르륵 톱니가 서로 맞물려서 한 바퀴, 두 바퀴 돌아간다. 하지만 톱니 수가 서로 다르기 때문에 동시에 처음의 위치로 오진 않는다. 그렇다면 각 톱니바퀴마다 처음 맞물리는 위치에 점을 하나씩 찍어보자.

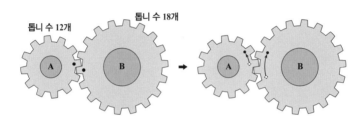

크기가 다른 톱니바퀴들은 서로 회전하는 속도가 다르다는 걸 확연하게 알 수 있다. 그렇지만 톱니가 맞물려 돌아가기 때문에 톱니 수를 세기만 하면 이 문제를 해결할 수 있다. 한 바퀴 돌 때마다 톱니의 개수만큼 돌기 때문에 결국 톱니바퀴의 회전수는 톱니 개수의 배수와 관련 있다. 그리고 미리 찍어 놓은 점이 다시 제자리에서 만난다는 것은 이들 두 톱니 개수의 배수가 같아지는 것을 의미한다.

자, 그런데 이 문제 역시 마지막에 반전이 숨어 있다. 점이 다시 한 곳에 모이게 될 때까지 돌아간 톱니의 개수를 묻는 게 아니라 각 톱니바퀴가 돈 회전수를 묻고 있다는 점이다.

벽돌 쌓기 문제에서 벽돌의 총 개수를 묻는 것과 비슷하다. 톱니의 총 개수를 구하고 나면 각각의 톱니바퀴가 몇 바퀴씩 돌았는지 구해야 한다는 것을 놓치지 말자.

풀이 계획 짜기 먼저 두 톱니바퀴의 톱니 개수를 찾아서 두 수의 최
소공배수를 구한다. 그리고 구한 최소공배수를 각 톱니바퀴 수로 나누
어 톱니바퀴가 회전한 수를 구하도록 하자.

조건 찾아 넣기 A와 B의 톱니 수는 각각 12개, 18개이다. → 12와 18
의 최소공배수 구하기

수식 계산하기

$$
\begin{array}{r|cc}
2 & 12 & 18 \\
3 & 6 & 9 \\
\hline
& 2 & 3
\end{array}
$$

$\longrightarrow$ $2 \times 3 \times 2 \times 3 = 36$

두 수 12와 18의 최소공배수는 36이다.

따라서 톱니 개수가 각각 36개씩 돌리면 각 톱니바퀴의 회전수는

A의 경우 $36 \div 12 = 3$, B의 경우 $36 \div 18 = 2$이다.

정답 표현하기 A톱니바퀴는 3바퀴, B톱니바퀴는 2바퀴 돌아야 한다.

3 서로 맞물려 도는 두 톱니바퀴 A, B가 있다. A의 톱니 수는 60, B의 톱니 수는 75일 때, 두 톱니바퀴가 회전하기 시작하여 처음으로 다시 같은 톱니에서 맞물릴 때까지 돌아간 톱니바퀴 A의 톱니 개수를 구하시오.

4 톱니의 수가 각각 45, 72인 톱니바퀴 A, B가 서로 맞물려 있다. 두 톱니바퀴가 회전하기 시작하여 최초로 다시 같은 톱니에서 맞물리려면 A는 몇 번 회전해야 하는지 구하시오.

03

정수와 유리수

정수와 유리수 단원에서는 대부분 양수와 음수의 개념을
이해하고 있는지 확인하는 문장제가 출제된다.

양수와 음수의 개념

중학교 수학을 배우면서부터 초등학교 때까지 사용했던 수에 대한 개념에 큰 지각변동이 생기게 된다. 초등학교 때는 자연수, 0, 분수, 소수가 전부였지만 중학교부터는 마치 '양지와 음지'처럼 수에도 '양수와 음수'라는 것이 있음을 받아들여야 한다. 초등학교 때 사용했던 모든 수들은 0을 제외하고는 모두 양수였다. 중학교부터 그 수들에 마이너스 기호를 붙여 -2, $-\frac{1}{3}$, -0.35와 같은 음수를 만들어 사용한다.

문장제 유형 소개

양수와 음수의 개념을 이용한 문장제의 가장 대표적인 유형은 영상과 영하의 온도를 다룬 문제이다. 우리가 매일 접하는 기상 소식에서 가져온 소재이다.

그보다 조금 더 난이도 높은 문제는 계단에서의 가위바위보 놀이를 소재로 하는 것이다. 이기면 3칸 위로 올라가기, 지면 1칸 내려가기와 같은 규칙을 정해 양수와 음수의 개념을 묻는다.

조금 다른 유형이긴 하지만 실수로 잘못 계산한 문제 유형도 있다. 그리 어렵지는 않지만 처음 접하면 자칫 당황스러울 수 있다. 왜 실수로 잘못 계산한 문제가 나왔을까 하는 의문도 생길 수 있다. 실수로 잘못 계산한 식들은 양수와 음수로 구성된 것이기 때문에 자주 출제된다.

공략 비법 — 이런 문제일 수밖에 없다

가위바위보 소재는 양수와 음수를 다루는 문제에서도 나오지만 연립방정식 문제에서도 자주 등장한다. 긴 계단이 있는 곳에서 누구나 한

번쯤은 이런 놀이를 해 본 경험이 있을 것이고 아마도 그런 이유로 문제의 소재로 종종 이용되는지도 모르겠다.

그런데 이 문제에는 딱 '두 친구'만 등장한다. 절대 세 친구 이상 등장하지 않는다. 그리고 두 친구가 가위바위보를 할 땐 A친구가 이기는 경우, B친구가 이기는 경우, 비기는 경우의 세 가지인데 그나마 비기는 경우는 없다고 못 박는다.

하지만 세 친구만 되어도 어떤가? 승부가 나지 않는 경우를 제외하면 게임 승패의 경우는 18가지로 확 늘어난다. 경우가 너무 다양해지기 때문에 가위바위보 문제는 항상 두 친구만 등장한다.

1 영상 기온과 영하 기온의 차이 나타내기

문제
난이도 ★

> 어느 도시의 최고 온도가 17.4℃이고 최저 온도와의 차가 28.5℃라고 할 때,
> 이 도시의 최저 온도를 구하시오.

읽고 표시하기

어느 도시의 최고 온도가 17.4℃ / 이고 최저 온도와의 차가 28.5℃ /

라고 할 때, 이 도시의 최저 온도를 구하시오.

문제 이해하기 　온도는 0도를 기준으로 영상과 영하의 기온으로 나

타낸다. 그래서 온도는 양수와 음수를 가진 정수와 유리수의 세계로

들어오게 되면 가장 많이 만나게 되는 문장제의 소재이기도 하다. 다

행히 난이도가 높지 않으니 겁먹을 필요는 전혀 없다.

이 문제에서 가장 주의 깊게 보아야 하는 것은 바로 '차'의 의미이다.

보통 큰 값에서 작은 값을 뺀 것을 '차'라고 한다.

$$(차) = (큰 값) - (작은 값)$$

어떤 값이 더 큰 값인지 알기가 힘들 때는 수를 뺀 다음 음수가 되지 않게 절댓값을 취하면 된다.

풀이 계획 짜기 '차'를 구한 값이 문제에 나타나 있고 여기서는 큰 값이 최고 온도, 작은 값이 최저 온도라는 사실을 금방 알 수 있다.
(차)＝(최고 온도)-(최저 온도)라는 식을 이용하여 문제를 풀되 최고 온도와 차의 값은 이미 나와 있으므로 최저 온도를 구하는 식으로 변형하여

$$(최저 온도)＝(최고 온도)-(차)$$

라는 식을 세운다.

조건 찾아 넣기 최고 온도가 17.4℃이고 → (최고 온도)＝17.4
최저 온도와의 차가 28.5℃라고 할 때 → (차)＝28.5
식에 대입한다.

수식 계산하기

(최저 온도)＝(최고 온도)-(차)＝17.4-28.5＝-11.1

정답 표현하기 식의 계산 결과 -11.1이 나왔다. 답을 -11.1℃로 표현하여도 오답이라 할 수는 없겠지만 -를 영하로 표현하는 것이 더 적절하다.
따라서 최저 온도는 영하 11.1℃이다.

1 어느 날 최고 기온과 최저 기온의 차가 12.7℃이고, 최저 기온이 영하 3℃였다고 할 때 이 날의 최고 기온은 얼마인지 구하시오.

2 실수로 잘못 계산한 정보 이용하기

 문제
난이도 ★★

어떤 정수에 −10을 더해야 할 것을 잘못 계산하여 뺐더니 7이 나왔다. 바르게
계산한 값을 구하시오.

읽고 표시하기

어떤 정수에 −10을 더해야 할 것 / 을 잘못 계산하여 / 뺐더니 7이 나
왔다. / 바르게 계산한 값을 구하시오.

문제 이해하기　　　이 유형은 중학교 1학년 수학 교과서에 처음 등장한
이후 고등학교까지 끊임없이 나오는 아주 인기가 많은 문제이다. 항상
뭘 잘못 계산했다고 하면서 제대로 계산해 달라고 하는 형식을 띠고
있는데, 사실 이 문제는 문제를 푸는 데 필요한 정보를 뒤틀어서 주고
있다. 예를 들어 '더해야 할 것을 뺐다.'라고 표현하면 사실 '더하기'를
하겠다는 의미이다.

그렇다고 해서 빼기를 했다는 게 쓸데없는 정보라는 건 아니다. 빼기

를 한 사실에서 문제의 중심이 되는 주인공을 찾아낼 수 있기 때문이다. 즉 이런 유형의 문제는 잘못 계산하여 구한 그 값이 오히려 큰 힌트가 된다는 걸 잊지 말아야 한다.

선생님들이 음수가 포함된 계산 능력을 측정하고 싶을 때 출제하는 문제 유형이다. 단순한 계산 문제보다는 사고력까지 측정할 수 있는 문장제 형태로 음수들을 대상으로 한 계산 능력을 알고 싶을 때 출제한다.

풀이 계획 짜기   우선 어떤 정수의 정체를 먼저 밝혀야 하는데 그러기 위해서는 잘못 계산한 식을 이용해야 한다. 아직 모르는 어떤 정수를 x라 하고 x의 값을 알아낸 다음 다시 바르게 계산한다.

조건 찾아 넣기

어떤 정수에 -10을 더해야 할 것을 잘못 계산하여 뺐더니 7이 나왔다.
→ $x-(-10)=7$

수식 계산하기

$x+10=7$

$x=7-10=-3$

정답 표현하기 x의 값을 문제의 답으로 착각해서는 안 된다. 지금 구한 것은 어떤 정수에 해당한다. 원래는 어떤 정수 -3에 -10을 더하는 것이 바른 계산이다.

$(-3)+(-10)=-13$이다. 정답은 -13이다.

2 어떤 정수에 −13을 빼야 할 것을 잘못하여 더했더니 그 결과가 3이 되었다. 바르게 계산한 값을 구하시오.

문제
난이도 ★★★

윤지와 세진이는 계단에서 가위바위보 놀이를 하는데 이기면 2칸을 올라가고, 지면 1칸을 내려가기로 했다. 처음 위치를 0으로 생각하고 1칸 올라가는 것을 +1, 1칸 내려가는 것을 −1이라고 하자. 8번 가위바위보를 하여 윤지가 5번을 이겼다고 할 때, 윤지의 위치의 값에서 세진이의 위치의 값을 뺀 값을 구하시오. (단, 비기는 경우는 없다.)

윤지와 세진이는 계단에서 가위바위보 놀이를 하는데 이기면 2칸을 올라가고, / 지면 1칸을 내려가기 / 로 했다. 처음 위치를 0 / 으로 생각하고 1칸 올라가는 것을 +1, / 1칸 내려가는 것을 −1 / 이라고 하자. 8번 가위바위보 / 를 하여 윤지가 5번을 이겼다 / 고 할 때, 윤지의 위치의 값에서 세진이의 위치의 값을 뺀 값을 구하시오. (단, 비기는 경우는 없다.)

문제 이해하기 우리가 하던 가위바위보로 계단 오르기 놀이에서는 이긴 사람이 계단을 올라가긴 해도 진다고 내려가지는 않았다. 하지만 이 문제는 양수와 음수를 다루기 위해 각색되었다고 볼 수 있다. 이 문제에서의 규칙은 이기면 무조건 2칸을 올라가고 지는 사람은 1칸을 내려간다는 것이다. 물론 이 규칙은 문제마다 다를 수 있다.

음수를 다루는 정수와 유리수 단원에서 계단 소재는 올라가는 것을 양의 개념으로, 내려가는 것을 음의 개념으로 연결지어 수를 계산하는 문제로 만들기에 적당하기 때문이다. 그렇다면 건물의 지상과 지하도 양수와 음수의 개념과 연결되지 않을까? 유감스럽게도 우리나라는 건물의 0층이란 개념이 없다. 유럽식의 0층이 우리나라에서는 1층이다. 하지만 계단 오르내리기는 일단 처음 시작하는 그 위치를 0으로 보고 올라가거나 내려가기 때문에 양수와 음수의 개념을 묻기에 좋다.

한편 이 문제는 길이가 비교적 긴 편이다. 바꾸어 말하면 문제에서 많은 정보를 주고 있다는 의미이다. 끊어 읽는 표시를 보면 알 수 있지만 기본적으로 문제 안의 정보를 잠깐 나열해 보자.

1. 이기고 질 때의 계단 칸 수

   ⇨ 이기고 지는 횟수에 따라 움직이는 총 칸 수가 정해진다.

2. 게임과 수직선과의 연결

   ⇨ 이기면 양수 방향으로 움직이고 지면 음수 방향으로 움직인다.

3. 총 게임 수와 이긴 횟수

   ⇨ 총 게임 수에서 이긴 횟수를 빼면 진 횟수임을 알려 준다.

4. 한 사람의 게임 결과

   ⇨ 다른 사람의 게임 결과도 함께 알려 준다.

가위바위보 문제에서 이러한 정보를 잘 챙긴다면 문제를 푸는 열쇠를 금방 찾을 수 있다.

가장 먼저 가위바위보를 한 총 횟수를 찾고 한 사람의 승패 결과를 알아낸다. 그러면 다른 사람의 승패도 저절로 알아낼 수 있다. 마지막으로 이긴 횟수에 올라가는 칸 수를 곱하고 진 횟수에 내려가는 칸 수를 곱해 그 둘을 계산하면 최종 위치가 결정된다.

조건 찾아 넣기 8번의 가위바위보를 하여 → 윤지와 세진이가 가위바위보를 한 총 횟수는 8회이다.

윤지가 5번을 이겼다고 할 때 → 윤지가 이긴 횟수는 5회이다. 이 문장은 윤지가 진 횟수는 3회라는 의미와 같다. 따라서 세진이는 윤지와 반대로 이긴 횟수는 3회이고 진 횟수는 5회이다.

이기면 2칸을 올라가고, 지면 1칸을 내려가기로 했다. → 1회 이기면 ×2를 하고, 1회 지면 ×(-1)을 한다.

수식 계산하기

	이긴 횟수	진 횟수	게임 총 횟수	올라간 칸 수	내려간 칸 수
윤지	5	3	8	$2 \times 5 = 10$	$(-1) \times 3 = -3$
세진	3	5	8	$2 \times 3 = 6$	$(-1) \times 5 = -5$

윤지의 위치는 $10 + (-3) = 7$이고

세진이의 위치는 $6 + (-5) = 1$이다.

윤지의 위치 값에서 세진이의 위치 값을 뺀 값은 $7 - 1 = 6$이다.

정답 표현하기 6

3 영기와 윤희가 계단에서 가위바위보 놀이를 하는데 이기면 3 칸을 올라가고, 지면 1칸을 내려가기로 했다. 처음 위치를 0이라고 하고 1칸 올라가는 것을 +1, 내려가는 것을 -1이라고 하자. 10번 가위바위보를 하여 영기가 6번을 이겼다고 할 때, 영기의 위치의 값에서 윤희의 위치의 값을 뺀 값을 구하시오. (단, 비기는 경우는 없다.)

배수경 선생님의 만점 공략 특강

방정식 단원은 문장제의 가장 대표 단원이야

문장제의 가장 대표적인 단원은 누가 뭐래도 '방정식'이다.

많은 학생들이 방정식 $2x-3=0$을 풀라고 하면 쉽게 답을 구하면서도 정작 방정식의 활용 문제를 만나면 그만 딱 얼어버리고 만다. 다른 단원에 비해서 문제의 유형이 다양한 탓이기도 하고 과학과 관련된 소재가 많기 때문이기도 하다. 그렇지만 따지고 보면 중학교 과정에서 다룰 수 있는 방정식 문장제의 소재는 몇 가지 안 된다. 가장 흔히 출제되는 소재가 바로 '수', '돈', '나이', '속력', '농도' 등이다.

04

수에 대한 방정식

수에 대한 문제는 방정식 단원에서 자주 출제되는 가장 기본 유형이다.
이 문제들 또한 음수만 이해하고 있다면 쉽게 풀 수 있다.

수가 기본이다

떡과 고추장 같은 재료가 없다면 떡볶이라는 메뉴를 요리할 수 없듯이 수학에서 수를 빼고서는 처음부터 끝까지 손을 댈 수조차 없다. 수를 더하고 빼는 것부터 시작해 수의 특징을 파악하고 그 특징을 활용해 문제의 실마리를 풀어내기도 한다.

방정식의 가장 기본적인 문제 역시 수와 관련된 것인데, 중학교 1학년 과정에서 다루는 수는 유리수 범위를 벗어나지 않으므로 자연수와 정수의 특징을 잘 파악하고 음수만 잘 이해한다면 쉽게 해결할 수 있다.

문장제 유형 소개

수에 대한 문제는 크게 세 가지 유형으로 나눌 수 있다.

첫째는 마치 퀴즈를 내듯이 어떤 수에 대해 설명하고 그 수를 구하는 어떤 수 설명하기 유형이다.

둘째는 수를 구하는 힌트로 '연속하는'이라는 조건이 붙은 연속하는 수 구하기 유형이다.

마지막은 자릿수에 대한 문제인데 각 자리에 해당하는 수를 서로 바꾸면 원래 수와 비교했을 때 더 큰지 작은지 등에 대한 설명을 해 주고 수를 구하는 각 자릿수 바꾸기 유형이다.

공략 비법─연속하는 수는 자연수나 정수만 출제된다

연속하는 수를 다룬다는 것은 그 안에 굉장한 힌트를 숨기고 있다. 여러 가지 수들 중에서 자연수나 정수일 때만 연속하는 수로서 의미가 있기 때문이다. 따라서 이런 유형의 문제는 이미 그 답이 자연수나 정수만을 대상으로 하고 있다는 점을 기억하기 바란다. 정수의 범위라야 −4 다음에 나올 연속인 수가 −3이고 5 다음에 나올 연속인 수가 6이라는 걸 알 수 있다. 유리수 범위에서는 3.5에 연속하는 수가 3.6이라고 할 수 없다. 그 사이에 3.54, 3.55, 3.556, … 등 수없이 많은 수가 있을 수 있기 때문이다.

문제
난이도 ★

> 어떤 수의 5배에서 2를 뺀 것은 그 수의 3배보다 8이 더 크다고 한다. 어떤 수를
> 구하시오.

읽고 표시하기

어떤 수의 5배에서 2를 뺀 것 / 은 그 수의 3배보다 8이 더 크다 / 고
한다. 어떤 수를 구하시오.

문제 이해하기   지금 풀고자 하는 이 문제는 방정식 단원의 가장 기
초인 문제 유형으로 수와 관련된 것이다. 구해야 할 방정식 자체를 그
냥 말로 쭉 풀어서 설명하고 있다. 따라서 말로 된 표현을 미지수를 포
함한 등식으로 바꾸면 방정식을 세울 수 있다.

풀이 계획 짜기   먼저 방정식의 미지수를 정해 보자. 미지수는 문제
에 따라서 혹은 푸는 사람에 따라서 다르게 정해지기도 한다. 하지만

보통은 구하고자 하는 것을 미지수로 정한다. 그런 의미에서 이 문제의 미지수를 찾는 것은 무척 쉽다. '어떤 수'가 바로 미지수이기 때문이다. 그러니 어떤 수를 먼저 미지수 x로 두자.

그런 다음 등호의 양변에 말로 풀어 놓은 것을 그대로 수식으로 바꾸어 방정식을 만든다.

문제에서 등호는 어디 있을까?

예를 들어 $2+3=5$라는 식을 소리내어 읽으면 "2 더하기 3은 5"이다. 등호는 바로 '~은(는)'이라고 생각하면 90%쯤 맞는 말이다.

수학 문제라고 생각하지 말고 문장을 먼저 이해해야 한다. 그러고 나서 어떤 수에 대한 두 가지 정보를 양변에 놓고 그 둘이 같다는 식을 만드는 것이다.

첫 번째 정보는 어떤 수의 5배에서 2를 뺀 것이고, 두 번째 정보는 어떤 수의 3배이다. 그런데 이 둘은 같지 않고 한쪽이 더 크다. 그러므로 같아지도록 한쪽을 더해 주거나 다른 쪽을 빼 주어야 한다.

이렇게 식을 세우면 그다음은 이미 배운 등식의 성질을 이용해서 답을 구할 수 있다.

조건 찾아 넣기   이제 문제를 차근차근 살펴보면서 조건을 찾아 넣을 차례이다. '~은(는)'의 의미가 등호라는 점을 염두에 두고 식을 만들어 보자. '그 수'란 앞에서 말한 '어떤 수'와 같은 수를 가리키는 말이다.

어떤 수의 5배에서 2를 뺀 것은 그 수의 3배보다 8이 더 크다고 한다.
$\quad\quad\quad\llcorner 5x-2 \quad\quad = \quad\quad\quad\quad \llcorner 3x < 8$???

갑자기 뒤에 '~보다 8이 더 크다.'라고 하니 이 문제는 등식이 아니라 부등식이 아닐까 하는 생각이 들지도 모르겠다. 말 그대로 식으로 표현한다면 $5x-2>3x$가 맞는 것 같다. 그렇지만 문제에서는 한쪽이 더 크다는 것뿐만 아니라 얼마만큼 더 큰지도 정확히 알려 준다. 그러므로 작은 쪽에 딱 그만큼 더해 준다면 부등식이 아닌 $5x-2=3x+8$이라는 방정식이 세워진다.

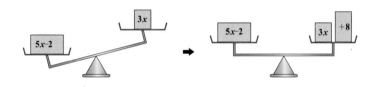

<u>수식 계산하기</u>　　미지수를 정하고 등호를 가진 등식으로 표현했으므로 이제 이항을 이용해 방정식의 해를 구하면 된다.

$5x-2=3x+8$

$5x-3x=8+2$

$2x=10$

$x=5$

<u>정답 표현하기</u>　　이 문제는 어떤 수가 무엇인지 구하는 것이므로 단위도 필요 없고 수를 다른 것으로 바꿀 필요도 없다. 답은 그대로 5이다.

1 어떤 수를 3배하여 42를 더한 수는 어떤 수의 4배보다 10이 더 작다고 할 때, 그 어떤 수를 구하시오.

2 | 연속하는 수 구하기

문제
난이도 ★★

> 연속하는 두 자연수가 있다. 이 두 자연수의 합이 15일 때 두 자연수 중에서
> 큰 수를 구하시오.

읽고 표시하기

연속하는 두 자연수 / 가 있다. 이 두 자연수의 합이 15 / 일 때 두 자
연수 중에서 큰 수를 구하시오.

문제 이해하기　　　연속하는 수 문제는 방정식 단원뿐 아니라 다른 단
원에서도 자주 표현되는 용어이므로 잘 알아 두어야 한다. '연속한다.'
는 것은 말 그대로 크기가 연달아 커지는 수를 말한다. 따라서 명확한
수의 영역에서만 바로 뒤의 큰 수가 무엇인지 알 수 있다.

다시 말해 '연속하는 두 유리수'와 같은 표현은 절대 나올 수 없다.
$\frac{1}{3}$의 다음 수가 무엇인지 명확히 말하기 어렵기 때문이다. $\frac{1}{3}$과 $\frac{2}{3}$ 사
이에는 얼마든지 많은 수가 존재한다. 결론적으로 연속하는 수 문제는
다음 수가 정확히 1씩 커지는 자연수나 정수에서만 다루어진다.

그럼 이런 수들은 몇 개까지 다룰 수 있을까? 너무 많이 다루면 복잡하기 때문에 두 개 아니면 세 개 정도가 주로 문제로 만들어진다.

- 연속하는 두 자연수 : x, $x+1$
- 연속하는 세 자연수 : $x-1$, x, $x+1$
- 연속하는 두 짝수(홀수) : x, $x+2$
- 연속하는 세 짝수(홀수) : $x-2$, x, $x+2$

이때, 연속하는 세 자연수인 경우 가장 작은 자연수부터 차례로 x, $x+1$, $x+2$로 정할 수도 있다. 하지만 $x-1$, x, $x+1$로 정하는 것이 좋다. 왜냐하면 세 수를 더했을 경우 $x+(x+1)+(x+2)=3x+3$보다 $(x-1)+x+(x+1)=3x$가 다루기 쉬우므로 가운데 수를 x로 정하는 것이 편리하다.

풀이 계획 짜기　　　문제에서 연속하는 두 자연수라고 했으므로 그 두 수를 x, $x+1$로 두고 '두 자연수의 합이 15'라는 설명 그대로 방정식을 세우자.

조건 찾아 넣기　　　두 자연수의 합이 15 → $x+(x+1)=15$

수식 계산하기

$x+(x+1)=15$

$x+x+1=15$

$2x = 14$

$x = 7$

정답 표현하기   방정식의 해를 답으로 쓰기 전에 문제에서 묻고 있는 게 무엇이었는지 주의 깊게 점검해야 한다.

연속하는 두 자연수 중에서 큰 수를 물었고 처음 두 수를 정할 때 x와 $x+1$로 두었기 때문에 지금 구한 x의 값은 두 수 중 작은 수이다. 따라서 정답은 $x+1$이므로 8이다.

문제에 따라 작은 수 혹은 큰 수를 묻거나 두 수를 모두 답하라고 할 때도 있으므로 잘 읽고 문제의 요구에 따라 정답을 표현하도록 한다.

82

2 연속하는 두 짝수의 합이 58일 때, 이 두 짝수 중 큰 수를 구하시오.

3 | 각 자릿수 서로 바꾸기

문제
난이도 ★★★

십의 자리의 숫자가 4인 두 자리의 자연수가 있다. 이 수의 일의 자리의 숫자와 십의 자리의 숫자를 바꾼 수는 처음 수보다 36이 더 크다고 한다. 처음 수를 구하시오.

십의 자리의 숫자가 4 / 인 두 자리의 자연수 / 가 있다. 이 수의 일의 자리의 숫자와 십의 자리의 숫자를 바꾼 수 / 는 처음 수보다 36이 더 크다 / 고 한다. 처음 수를 구하시오.

문제 이해하기　자릿수에 대한 문제도 정말 인기가 높은 문제 유형이다. 초등학교에서 배운 수의 표현법을 떠올리면 보다 쉽게 식을 세울 수 있다. 예를 들어 2345라는 수는 다음과 같이 자릿값과 함께 나타낼 수 있다.

$2345 = 2 \times 1000 + 3 \times 100 + 4 \times 10 + 5 \times 1$

그런데 이런 문장제에서는 그 자릿값에 해당하는 숫자를 말해 주지 않기 때문에 우리가 스스로 그 숫자를 미지수로 정할 필요가 있다. 그런 다음 그 미지수를 구하여 문제를 해결한다.

풀이 계획 짜기 문제와 같이 두 자리의 자연수가 주인공이라면 십의 자리의 숫자를 a, 일의 자리의 숫자를 b라 두고 $\boxed{a}\ \boxed{b}$ 라 생각하자. 그럼, 각 자리의 숫자를 바꾼 수는 $\boxed{b}\ \boxed{a}$ 이다. 자릿값과 함께 등식으로 나타낸다. 처음 수를 $\boxed{a}\ \boxed{b} = a \times 10 + b \times 1$로 표현할 수 있다. 그 후 (바꾼 수) = (처음 수) + 36이라는 방정식을 세운다.

조건 찾아 넣기

십의 자리의 숫자가 4인 두 자리의 자연수

→ $\boxed{4}\ \boxed{b} = 4 \times 10 + b \times 1 = 40 + b$

일의 자리의 숫자와 십의 자리의 숫자를 바꾼 수

→ $\boxed{b}\ \boxed{4} = b \times 10 + 4 \times 1 = 10b + 4$

바꾼 수는 처음 수보다 36이 더 크다

→ $\boxed{b}\ \boxed{4} = \boxed{4}\ \boxed{b} + 36$이므로 $10b + 4 = (40 + b) + 36$이다.

수식 계산하기 일차방정식을 푸는 것일 뿐이므로 이항을 이용해서 차근차근 해를 구하면 된다.

$10b + 4 = (40 + b) + 36$

$10b - b = 40 + 36 - 4$

$9b = 72$

$b = 8$

성급하게 8을 정답으로 써서는 곤란하다. 8은 처음 수인 두 자리 자연수에서 일의 자리의 숫자일 뿐이다. 문제에서 묻고 있는 것은 처음 수이므로 정답은 $\boxed{4}\boxed{b}$ 에서 48이다.

많이들 처음 수를 $\boxed{a}\boxed{b}$ =a+b로 해 버리는 실수를 저질러. 자릿값을 반드시 생각해.

3 일의 자리의 숫자가 5인 두 자리의 자연수가 있다. 이 자연수의 십의 자리의 숫자와 일의 자리의 숫자를 바꾼 수는 처음 수보다 36만큼 작다고 한다. 처음 수를 구하시오.

방정식 단원의 문장제를 다루기 전에 방정식이 무엇인지 구체적으로 짚고 넘어갈 필요가 있다. 그래야 방정식 문장제를 만났을 때 식을 잘 세울 수 있기 때문이다.

아래의 세 가지 조건만 갖춰지면 '방정식'이라고 부를 수 있다.

1. 등호를 가지고 있다.

2. 미지수를 가지고 있다.

3. 특정한 값만이 해가 된다.

구체적인 예를 들어 살펴보자.

- $x+2<1$: 이건 방정식이 아니다. 일단 등호($=$)가 없기 때문이다.
- $3+2=5$: 이것도 방정식이 아니다. 등호는 있지만 미지수(x, y, …)가 없기 때문이다.
- $x+2=x+2$: 역시 방정식이 아니다. x에 1을 넣든 100을 넣든 어떤 값을 넣어도 다 만족하기 때문이다. 이러한 식은 방정식이 아니라 '항등식'이라 부른다.
- $2x+1=x+3$: 방정식이 맞다. 등호와 미지수가 있고 x에 2를 넣을 때만 만족하기 때문에 세 가지 조건을 모두 충족한다.

방정식도 미지수의 개수나 차수에 따라 부르는 이름이 다양하다. 그중에서 중학교 1학년이 풀게 되는 방정식은 한 개의 미지수를 가진 일차방정식이다. 그러니까 $2x-3=0$과 같은 방정식이다. 이러한 일차방정식을 푸는 해법은 '등식의 성질'을 잘 이용하여 결국 좌변에 미지수인 x만 남겨 해를 찾는 것이다.

'등식의 성질'은 또 뭐냐고 머리를 쥐어뜯을 필요는 없다. 그야말로 지극히 당연한 것을 거창하게 이름 붙였을 뿐이다. 등호를 가진 등식의 양변에는 같은 수를 더하거나 빼거나 곱하거나 나누어도 등식은 여전히 성립한다는 것이다!

$a=b$에서 만들어진 $a+3=b+3$, $a-3=b-3$, $a \times 3 = b \times 3$, $a \div 3 = b \div 3$이라는 식이 모두 참이라는 것이다. 단, 나누기의 경우 0으로 나누는 것은 제외한다.

이런 성질을 이용하여 좌변에 x만 남기면 일차방정식의 해를 구할 수 있다.

방정식은 등호가
있다, 없다?

있다!

방정식은 미지수가
있다, 없다?

있다!

방정식은 특정한 값만
해가 된다, 안 된다?

된다!

05

돈에 대한 방정식

돈에 대한 문제는 크게 물건을 사는 문제,
예금에 대한 문제, 물건을 파는 문제,
이렇게 세 가지 유형으로 나눌 수 있다.
구하고자 하는 것을 미지수로 두고 방정식을 세우면 쉽게 답을 구할 수 있다.

물건 사기 ★☆☆
예금액 비교하기 ★★☆
원가, 정가, 할인이 들어간 물건 팔기 ★★★

내가 경험한 일과 경험하지 않은 일

돈과 관련된 방정식 문장제에서는 여러 가지 상황이 나온다. 그 상황이란 내가 경험한 것일 수도 경험하지 않은 것일 수도 있다. 누구나 그렇듯이 자신이 경험해 본 일에 대해서는 이해가 빠르지만 그렇지 않은 일에 대해서는 이해하기 쉽지 않다.

물건을 사는 일은 누구나 초등학교를 들어가기 전에도 충분히 경험하였다. 수학을 몰라도 거스름돈까지 잘 챙긴다. 하지만 거꾸로 물건을 파는 일은 그렇지 않다.

돈과 관련된 문제를 풀 때는 경험해 보지 않은 일에 대한 이해가 먼저 이루어져야 한다. 물건을 파는 문제에 제시되는 경제 용어들을 먼저 이해해야 문제를 쉽게 풀 수 있다.

문장제 유형 소개

돈과 관련된 문장제는 크게 세 가지 정도로 유형을 나눌 수 있다.

먼저 물건을 사는 문제이다. 물건을 산 총액을 알려 준 다음 품목 하나의 가격을 묻거나 몇 가지 품목을 샀는지 개수를 묻는다.

두 번째는 예금에 대한 문제이다. 서로 다른 금액을 매월 예금하는 두 사람을 정하고 일정한 시간이 지난 후에 예금액을 서로 비교한다.

마지막은 물건을 파는 경우이다. 이 경우에는 상황이 복잡한 만큼 다양한 것을 물을 수 있고 원가, 정가, 이윤과 같은 경제 용어를 잘 알아야 문제를 이해할 수 있기 때문에 학생들이 가장 까다롭게 느끼는 유형이다.

공략 비법—사는 물건은 보통 두 가지뿐!

물건을 사는 문제에서 등장하는 물건은 보통 두 가지뿐이다. 셋 이상 의 품목을 다루게 되면 미지수를 너무 많이 사용하게 되어 문제가 어 려워진다. 연필과 볼펜 혹은 사과와 배, 이렇게 두 가지 품목이 보통 등 장한다. 만약 한 가지 품목이 추가된다면 그 물건의 가격은 문제에서 미리 알려 준다. 중학교 1학년 과정에서는 미지수가 한 개인 일차방정 식만을 다루므로 미지수가 한 개인 식을 세우면 된다.

수학 시험에 자주 나오는 경제 용어 파악하기

첫째, '할'이란 용어를 살펴볼까?

초등학교 때 '할푼리모'에 대해선 배웠다. 그리고 야구를 좋아한다면 타율을 말할 때 사용하는 표현이란 것도 금방 떠오를 것이다.

'할푼리모'는 소수점 아래의 자리들을 부르는 단위이다.

0.4321 ⇨ 4할 3푼 2리 1모

방정식 문제에서는 이 단위들 중에서 '할'이 주로 등장한다. 4할이라면 0.4로 얼른 변환시킬 수 있어야 한다. 그럼 백분율로 표시하면 얼마일까? 백분율은 100을 곱해서 만든 퍼센트 값이니까 $0.4 \times 100 = 40\%$가 된다.

자, 정리해 보면 4할 = 0.4 = 40%이다.

둘째, '원가'와 같은 경제 용어를 알아볼까?

일단은 주인의식을 가져야 하니까 직접 학교 축제에서 핫도그를 판다고 가정해 보자. 축제 날이 되기 전에 장을 보고 미리 준비를 할 것이다. 그럼 물건을 팔기 전에 나의 용돈이 투자된다. 핫도그 재료비, 핫도그를 튀길 기름값, 가스비, 핫도그 위에 바를 케첩 등을 고려하여 핫도그 하나에 투입되는 투자 금액을 계산해 본다. 그게 1000원이 나왔다고 가정해 보자. 그러면 정작 축제에서 핫도그를 팔 때 하나에 1000원을 받고 팔진 않을 것이다. 남는 게 있어야 장사를 한 보람이 있으니까. 그래서 400원을 붙여서 1400원에 팔았다. 핫도그는 불티나게 팔렸다. 하지만 재료를 너무 많이 준비한 나머지, 축제가 끝나갈 무렵 핫도그가 조금 남을지도 모르는 상황이 되었다. 축제가 끝날 때까지 다 팔지 못하면 남은 핫도그만큼 손해를 볼 것이 뻔한 상황이다. 할 수 없이 핫도그 값을 1200원으로 내렸더니 순식간에 핫도그가 다 팔렸다.

이야기 속에 나온 돈	용어	용어의 의미
처음에 핫도그 1개에 들어간 나의 용돈 1000원	원가	원래 들어간 값
핫도그 원가 1000원에 붙인 400원	이윤	남는 이익
원가와 이윤을 합하여 정한 핫도그 값 1400원	정가	물건 값으로 정한 값
축제가 끝날 무렵 내린 핫도그 값 1200원	할인가	할인해서 파는 값

이 네 가지 용어의 의미만 정확히 알면 문제 풀기가 훨씬 쉬워진다.

문제
난이도 ★

> 한 개에 500원인 연필과 700원인 볼펜을 합하여 10개를 사고 1500원인 필
> 통에 담아 7300원을 지불하였다. 연필과 볼펜은 각각 몇 자루씩 샀는지 구하
> 시오.

읽고 표시하기

한 개에 500원인 연필 / 과 700원인 볼펜 / 을 합하여 10개를 사
고 / 1500원인 필통 / 에 담아 7300원을 지불 / 하였다. 연필과 볼펜은
각각 몇 자루씩 샀는지 구하시오.

문제 이해하기　　　초등학교 때도 이런 유형의 문제는 많이 풀어보았을
것이다. 하지만 중학교부터는 방정식을 이용하여 풀자. 미지수를 찾는
것부터 차근차근 해 보자.

우선 구해야 하는 것을 미지수로 두어야 할 텐데 이 문제는 연필과 볼
펜의 개수, 두 가지를 묻고 있다. 물론 연필의 개수를 x, 볼펜의 개수를
y로 두어도 되긴 하지만 문제의 힌트를 통해 미지수의 수를 줄일 수

있다면 그게 최선이다. 미지수를 한 개로 줄일 수 있는 문제의 힌트가 무엇인지 찾아내는 것이 중요하다.

풀이 계획 짜기 문제에서 연필과 볼펜을 합하여 10개를 샀다고 밝혔다. 그렇다면 연필의 개수를 x라 정할 때 볼펜의 개수는 자연스럽게 $(10-x)$로 정할 수 있다.

모든 물건의 값이 7300원이라고 했으므로

(연필 값)＋(볼펜 값)＋(필통 값)＝(7300원)이라는 방정식을 세우자.

연필과 볼펜의 값은 개수당 한 개의 값을 곱하면 된다.

조건 찾아 넣기 이제 미지수 x를 넣어 문장을 식으로 표현해 보자.

한 개에 500원인 연필과 700원인 볼펜을 합하여 10개를 사고

→ 500원짜리 연필 x자루의 값은 $500x$원이고 700원짜리 볼펜 $(10-x)$자루의 값은 $700(10-x)$원이다.

1500원인 필통에 담아 → 필통을 1개 샀고 필통의 값은 1500원이다.

7300원을 지불하였다. → 연필, 볼펜, 필통의 값의 합은

$500x+700(10-x)+1500=7300$이다.

수식 계산하기

$$500x+700(10-x)+1500=7300$$
$$5x+7(10-x)+15=73$$
$$5x+70-7x+15=73$$
$$12=2x \qquad x=6$$

　　　연필의 개수는 6자루임을 구하였다. 그런데 문제에서 연필과 볼펜의 개수를 묻고 있으므로 두 가지를 모두 답해야 한다. 볼펜은 10에서 연필의 개수를 빼면 되니까 4자루이다.

따라서 연필은 6자루, 볼펜은 4자루이다.

1 한 개에 1200원인 배와 한 개에 2000원인 복숭아를 합하여 모두 12개를 사고 3000원짜리 상자에 넣어 모두 23000원을 지불하였다. 복숭아의 개수를 구하시오.

2 | 예금액 비교하기

문제
난이도 ★ ★

현재 형의 예금액은 5000원, 동생의 예금액은 2300원이라고 한다. 형은 한 달에 200원씩, 동생은 500원씩 예금한다고 할 때 형과 동생의 예금액이 같아지는 것은 몇 개월 후인지 구하시오.

읽고 표시하기

현재 형의 예금액은 5000원, / 동생의 예금액은 2300원 / 이라고 한다. 형은 한 달에 200원씩, / 동생은 500원씩 / 예금한다고 할 때 <u>형과 동생의 예금액이 같아지는 것은 몇 개월 후인지</u> 구하시오.

문제 이해하기 충분히 겪어 볼 수 있는 상황이므로 문제 자체를 이해하는 것은 어렵지 않을 것이다. 우선 이 문제의 출발은 두 사람의 최초 예금액이 같지 않다는 것이다. 한 사람의 예금액이 훨씬 많다. 그런데 현재 예금액이 더 많은 사람이 앞으로는 상대방보다 더 적은 금액을 예금한다는 것이 핵심이다. 그래야 나중에 두 사람의 예금액이 같아질 수 있기 때문이다.

만약 현재 예금액이 더 많은 형이 동생보다 더 많은 금액을 정기적으로 예금한다면 형과 동생의 예금액이 같아지는 상황은 절대 일어날 수 없다. 그런 경우라면 형의 예금액이 동생의 예금액의 2배가 되는 건 몇 개월 후인지를 묻는 식의 문제로 바뀌어야 한다.

풀이 계획 짜기　문제를 이해했다면 결국 아래와 같은 방정식을 만들어야겠다는 계획을 세울 수 있다.

(몇 개월 후 형의 예금액) = (몇 개월 후 동생의 예금액)

예금액은 원래 있던 잔액과 매월 정기적으로 예금한 돈을 더하면 계산할 수 있다. 문제는 현재 시점의 잔액은 이미 결정되어 있는데 그 이후는 개월 수에 따라 더해지는 예금액이 달라진다는 것이다. 묻고 있는 것이 바로 '개월 수'이기도 하니 방정식의 미지수 x는 '개월 수'로 정한다.

조건 찾아 넣기　이제 각자의 예금액을 미지수를 넣어 표현해 보자.
현재 형의 예금액은 5000원, 동생의 예금액은 2300원이라고 한다. 형은 한 달에 200원씩, 동생은 500원씩 예금한다. → 형의 예금액은 $5000+200x$이고, 동생의 예금액은 $2300+500x$이다.
형과 동생의 예금액이 같아지는 것 → 형과 동생의 예금액이 같다는 등식을 세운다. $5000+200x=2300+500x$이다.

$$5000 + 200x = 2300 + 500x$$

$$5000 - 2300 = 500x - 200x$$

$$2700 = 300x$$

$$x = 9$$

묻고 있는 것을 그대로 미지수로 정했기 때문에 구한 숫자가 그대로 답이 된다. 단, 개월 수를 물었으므로 단위를 고려해야 한다.

형과 동생의 예금액이 같아지는 것은 9개월 후이다.

2 현재 형의 돼지 저금통에는 2000원, 동생의 돼지 저금통에는 8000원이 들어 있다. 형은 매일 500원씩, 동생은 매일 200원씩 저금통에 넣는다면 며칠 후에 형제의 저금통에 들어 있는 금액이 같아지는지 구하시오.

3 | 원가, 정가, 할인이 들어간 물건 팔기

어떤 물건에 원가의 4할의 이윤을 붙여서 정한 정가로 팔았던 물건을 정가에서 100원을 할인하여 팔았더니 200원의 이윤이 남았다. 이 물건의 원가는 얼마인지 구하시오.

읽고 표시하기

어떤 물건에 원가의 4할의 이윤을 붙여서 정한 정가 / 로 팔았던 물건을 정가에서 100원을 할인 / 하여 팔았더니 200원의 이윤 / 이 남았다. 이 물건의 원가는 얼마인지 구하시오.

문제 이해하기　　　이런 문제는 읽는 것조차 부담스럽기 짝이 없다. 그건 실제로 물건을 팔 것도 아닌데 이런 복잡한 상황을 이해해야 하는 게 몹시 강압적이라고 느끼기 때문이다. 게다가 원가니 정가니 하는 용어가 생소하다는 것도 한몫을 한다.

따라서 이런 문제를 꿀꺽 삼켜 소화를 시키려면 일단은 용어를 정확히 이해하는 과정이 선행되어야 한다. 용어의 의미만 제대로 알아도 훨씬 쉽게 풀 수 있다.

만약 용어가 이해되지 않는다면 94쪽과 95쪽의 만점 공략 특강을 다시 읽을 것을 권한다.

풀이 계획 짜기 이제 본격적으로 문제를 해결해 볼까?

일단 묻고 있는 원가를 미지수 x로 정하기로 하자. 그리고 문제의 마지막에서 준 힌트 '200원의 이윤이 남았다.'는 걸 이용해서 등식을 만들어야 한다.

그렇다면 이윤은 어떻게 계산할까?

실제 물건을 판 가격에서 원가를 빼서 구한다.

보통은 물건에 매겨져 있는 정가가 판매가가 되지만 문제의 상황을 읽어 보면 정가로 팔았던 물건을 할인해서 팔았다고 한다. 따라서 여기서는 (실제 이윤)=(할인가)-(원가)로 봐야 한다.

그렇다면 할인가는 어떻게 정해졌을까?

(할인가)=(정가)-100이라고 했고 (정가)=(원가)+(얻고자 하는 이윤)이기 때문에 최종적으로 정리해 보면

(실제 이윤)=(할인가)-(원가)=(정가)-100-(원가)

$\qquad$ ={(원가)+(얻고자 하는 이윤)}-100-(원가)

$\qquad$ =(얻고자 하는 이윤)-100

이다. 결국 마지막 식을 이용하면 문제를 해결할 수 있다.

조건찾아 넣기 (실제 이윤)=(얻고자 하는 이윤)-100의 식에 조건을 찾아 넣자.

200원의 이윤이 남았다. → 실제 이윤은 200원이다.

어떤 물건에 원가의 4할의 이윤을 붙여서 → 원가는 구하고자 하는 것이므로 x라 두면, 얻고자 하는 이윤은 원가의 4할이므로 $0.4x$이다.

따라서 찾은 조건을 식에 쏙쏙 집어넣으면 $200 = 0.4x - 100$이다.

수식 계산하기

$200 = 0.4x - 100$

$300 = 0.4x$

$x = 750$

정답 표현하기   물건의 원가 단위는 '원'이므로 정답은 750원이다.

단위에 주의해!

단위를 잊지 말고 꼭 적어.

3 어떤 상품에 원가의 2할의 이익을 붙여서 정한 정가에서 300원을 할인해서 팔았더니 700원의 이익이 남았다. 이 물건의 원가는 얼마인지 구하시오.

4 원가가 4000원인 상품에 5할의 이익을 붙여서 팔다가 다시
이 가격에서 $x\%$ 할인해서 팔았더니 원가의 2할의 이익이 남았다.
x를 구하시오.

06

도형에 대한 방정식

도형 문제에서 잘 나오는 도형은 삼각형, 직사각형, 사다리꼴 3인방이다.
가끔 입체도형도 나오지만 결국은 평면도형과 연결하여
생각할 수 있는 문제들이 대부분이다.
또 삼각형과 사각형을 붙인 듯한 도형이 나오기도 하는데,
이것은 나누어 생각하면 되므로 그리 걱정할 필요는 없다.

동점과 정점의 개념

도형 문제는 그림을 같이 주거나 문제의 설명을 읽고 그림을 그릴 수 있게 제시된다. 정보가 시각적으로 제시되므로 글만 제시하는 문제보다 훨씬 수월하게 느껴진다. 특히 초등학교부터 익히 알고 있는 도형에 대한 문제라면 더욱 자신감 있게 대할 수밖에 없다.

대부분의 도형 문제는 자리가 정해진 점, 즉 움직이지 않는 점(정점)이 제시된다. 그런데 유독 움직이는 점(동점)이 제시될 때가 있다. 동영상으로 움직이는 점을 제시해 주면 좋지만 그렇지 못하기 때문에 상상력이 필요하다. 이때는 움직이는 점이 최초에 있을 수 있는 자리의 그림, 중간쯤 움직인 그림, 마지막으로 도착하게 되는 자리의 그림, 3종 세트 그림을 생각하여 문제에 접근하면 이해가 쉽다.

문장제의 유형 소개

가장 단순한 유형은 도형의 넓이에 대한 문제이다. 넓이를 구하는 데 필요한 길이 중 한 개를 빼고 다 가르쳐 주고 빠진 길이를 묻는 유형이다. 물론 이때 도형의 넓이는 알려 준다.

두 번째 유형은 도형의 넓이 문제를 조금 변형한 것이다. 원래 주어진 도형에서 길이를 변화시키면 넓이도 변하게 되는 상황을 주고 하나의 길이를 묻는 것이다.

마지막으로 움직이는 점이 나오는 문제이다. 움직이는 점으로 인해 만들어지는 도형의 넓이를 알려 주고 그 넓이가 될 때까지 걸린 시간을 묻는다.

기본적으로는 도형의 넓이라는 개념이 모든 유형을 관통하고 있다.

공략 비법–움직이는 것에는 속력이 함께 제시된다

움직이는 점의 경우, 제멋대로 이리저리 움직이지 않는다. 만약 그렇다면 중학생이 풀 수 없는 수학 문제가 된다. 따라서 1초에 2cm씩 움직인다거나 하는 정확한 속력이 반드시 함께 제시된다. 속력이 주어지기 때문에 움직인 거리는 그 속력에 시간을 곱해서 얻을 수 있다.

움직이는 것에는 반드시 속력이 주어진다는 점은 문제를 푸는 결정적인 열쇠가 된다.

문제
난이도 ★

윗변의 길이가 6cm, 높이가 7cm, 넓이가 70cm²인 사다리꼴의 아랫변의 길이를 구하시오.

읽고 표시하기

윗변의 길이가 6 cm, / 높이가 7 cm, / 넓이가 70 cm² / 인 사다리꼴 / 의 아랫변의 길이를 구하시오.

문제 이해하기　　　이 유형은 가장 난이도가 낮은 도형 문제이다. 평면도형 3인방의 넓이 공식만 떠올릴 수 있다면 거뜬히 풀 수 있다. 제시된 문제는 사다리꼴의 넓이에 대한 것으로 사다리꼴 넓이 공식을 적용하면 풀린다.

풀이 계획 짜기　　　문제에서 묻고 있는 아랫변의 길이를 x로 두고 사다리꼴의 넓이 구하는 공식에 조건을 적용하면 답을 구할 수 있다.

$$(\text{사다리꼴의 넓이}) = \frac{1}{2} \times \{(\text{윗변의 길이}) + (\text{아랫변의 길이})\} \times (\text{높이})$$

조건 찾아 넣기

넓이가 70 cm²인 사다리꼴 → 사다리꼴의 넓이는 70

윗변의 길이가 6 cm → 윗변의 길이는 6

높이가 7 cm → 높이는 7

따라서 $70 = \frac{1}{2} \times (6 + x) \times 7$이다.

수식 계산하기

$$70 = \frac{1}{2} \times (6 + x) \times 7$$

$$\frac{70 \times 2}{7} = 6 + x$$

$$20 = 6 + x$$

$$x = 14$$

정답 표현하기 　　도형의 단위가 cm이므로 사다리꼴의 아랫변의 길이는 14 cm이다.

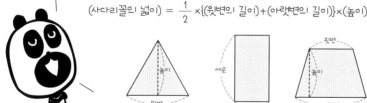

알고 있겠지만 평면도형 3인방의 넓이 공식을 다시 한 번 되새겨 보도록 하자.

$$(\text{삼각형의 넓이}) = \frac{1}{2} \times (\text{밑변의 길이}) \times (\text{높이})$$

$$(\text{직사각형의 넓이}) = (\text{가로의 길이}) \times (\text{세로의 길이})$$

$$(\text{사다리꼴의 넓이}) = \frac{1}{2} \times \{(\text{윗변의 길이}) + (\text{아랫변의 길이})\} \times (\text{높이})$$

1 밑변의 길이가 9cm인 삼각형의 넓이가 27cm²일 때, 이 삼각형의 높이를 구하시오.

문제
난이도 ★ ★

> 한 변의 길이가 10 cm인 정사각형이 있다. 가로의 길이를 5 cm 늘이고, 세로의 길이를 x cm 줄였더니 넓이가 120 cm²가 되었다. 이때, 새로운 사각형의 세로의 길이를 구하시오.

읽고 표시하기

한 변의 길이가 10 cm인 정사각형 / 이 있다. 가로의 길이를 5 cm 늘이고, / 세로의 길이를 x cm 줄였더니 / 넓이가 120 cm² / 가 되었다. 이때, <u>새로운 사각형의 세로의 길이</u>를 구하시오.

문제 이해하기   이 문제는 일단 하나의 도형을 제시한다. 그런 다음 주어진 도형의 길이를 바꾸어 그것에 대한 다른 정보를 준다. 이런 문제를 푸는 방법은 두말할 것 없이 그림을 그려 보는 것이다. 원래 도형을 그리고 나서 길이를 바꾼 그림을 그 위에 그리는데 이때는 가급적 색깔이 다른 펜을 사용하면 좋다.

그림으로 그린 도형 위에 문제에서 준 길이의 정보를 하나씩 넣어 주고 등식을 만들 수 있는 중요 정보를 중심으로 식을 세우면 된다.

풀이 계획 짜기 얼른 보면 길이를 두 가지나 바꾸는 문제라서 무척
어려울 것 같지만 그림을 그려서 차근차근 생각해 보면 그리 어렵지
않다. 일단 그림을 그려 보기로 하자. 미지수도 문제에서 정해 주었으
니 더할 나위 없이 착한 문제다.

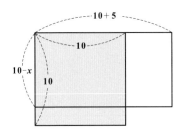

자, 문제에 제시된 정보를 그림에 표시하고 보니 의외로 단순한 문제
임을 알 수 있다. 새롭게 만든 사각형의 넓이가 120 cm²라는 것만 등식
으로 표현하면 풀이는 누워서 떡 먹기다.

조건 찾아 넣기
세로의 길이를 x cm 줄였더니 → 미지수 x는 원래 정사각형에서 줄인
세로의 길이다.
한 변의 길이가 10 cm인 정사각형이 있다. 가로의 길이를 5 cm 늘이고
→ 새로운 사각형의 가로의 길이는 10＋5＝15이다.
한 변의 길이가 10 cm인 정사각형이 있다. 세로의 길이를 x cm 줄였더니
→ 새로운 사각형의 세로의 길이는 10-x이다.

넓이가 120 cm²가 되었다. → 새로운 사각형의 넓이는 120이다.

따라서 방정식은 15(10−x)＝120이다.

수식 계산하기

$15(10-x)=120$

$10-x=8$

$x=2$

정답 표현하기 원래 사각형에서 줄인 길이를 미지수 x로 두었기 때문에 새로운 사각형의 세로 길이는 10에서 x만큼 줄인 길이이다. 따라서 10−2를 계산한 8 cm가 정답이다.

2 가로의 길이가 5 cm, 세로의 길이가 3 cm인 직사각형에서 가로의 길이를 x cm, 세로의 길이를 2 cm만큼 늘였더니 넓이가 처음 넓이의 4배가 되었다고 한다. 늘어난 가로의 길이 x cm를 구하시오.

문제
난이도 ★★★

다음 그림과 같이 직사각형 ABCD의 점 P는 꼭짓점 B에서 출발하여 매초 4cm씩 직사각형의 변을 따라 시계 반대 방향으로 움직이고 있다. 점 P가 변 CD 위에 있으면서 사다리꼴 ABCP의 넓이가 1920cm²가 되는 것은 몇 초 후인지 구하시오.

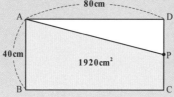

읽고 표시하기

다음 그림과 같이 직사각형 ABCD / 의 점 P는 꼭짓점 B에서 출발하여 / 매초 4cm씩 / 직사각형의 변을 따라 시계 반대 방향으로 움직이고 있다. 점 P가 변 CD 위에 있으면서 / 사다리꼴 ABCP의 넓이가 1920 cm² / 가 되는 것은 <u>몇 초 후</u>인지 구하시오.

문제 이해하기　이 문제가 아주 어렵게 느껴지는 건 당연히 정지해 있어야 할 꼭짓점 중 유독 하나의 점이 이리저리 돌아다닌다는 것 때

119

문이다. 하지만 그렇다고 해서 아무렇게나 제멋대로 돌아다니는 것은 아니니 지레 겁먹을 필요는 없다.

수학 문제에 나오는 움직이는 점, 일명 '동점(動點)'은 늘 규칙성을 갖고 있기 마련이다. 점은 일정한 궤적을 따라 움직일 뿐 아니라 점이 움직이는 속력 또한 반드시 제시된다. 그러므로 그 속력을 이용해서 점이 움직인 거리를 구할 수 있다.

　(점이 움직인 거리)＝(점이 움직이는 속력)×(점이 움직인 시간)

게다가 문제의 상황이 그림으로 보기 좋게 설명되어 있으니 감사할 일이다. 그림을 보면 문제가 그만큼 쉽게 이해된다.

풀이 계획 짜기　　　문제는 직사각형에서 출발하지만 움직이는 점이 만들어 내는 도형은 사다리꼴이다. 결국 색으로 표시된 사다리꼴의 넓이를 찾아서 등식으로 만드는 것이 핵심이다.

사다리꼴의 넓이를 구하기 위해 필요한 길이를 떠올려 보자. 윗변의 길이, 아랫변의 길이, 높이! 그림에서 보다시피 아랫변의 길이와 높이는 알려 주었고 윗변의 길이만 모른다.

그런데 점 P가 움직이고 있기 때문에 시간이 얼마나 흘렀는지에 따라 P의 위치가 정해진다는 것에 주목해야 한다. 문제에서 '매초 4cm'라는 정보를 제공하므로 시간의 단위는 '초'가 된다는 것을 알 수 있다.

그럼 이제 시간(초)을 미지수 x로 정하자. 0초였을 때 점 P는 어디에 있을까? 점 B에서 출발 신호를 기다리며 앞을 향해 달릴 준비를 하고 있을 것이다. 그리고 시간이 흐르면 점은 변 BC를 쭉 지나서 C 지점을 콕 찍고 코너를 돌아 변 CD 사이 어딘가에 있게 될 것이다.

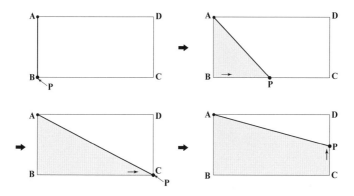

그런데 1초당 4 cm를 움직이기 때문에 길이 80 cm인 변 BC를 다 지나려면 80÷4=20(초)가 흘러야 한다. 그 이후 몇 초가 더 지나게 되면 그 시간에 4를 곱한 거리만큼 이동한다.

그렇다면 이쯤에서 우리의 작전을 조금 바꾸어 볼 필요가 있다.

변 BC를 지날 동안 20초가 지난 건 알게 되었으니 20초 이후에 지나간 시간만 미지수 x로 두면 되지 않을까? 이렇게 융통성을 발휘하면 보다 수월하게 답을 얻을 수 있다.

자, 이제 사다리꼴의 윗변의 길이는 $4x$로 두면 되겠다. 이제 필요한 정보가 모두 정리되었으니 사다리꼴의 넓이 구하는 공식에 넣어서 방정식을 세울 수 있다.

조건 찾아 넣기 사다리꼴의 넓이를 구하는 공식에 넣을 조건을 찾아 보자.

20초가 지난 후에 흐른 시간을 x(초)로 두면, 윗변의 길이(변 CP의 길이)는 $4x$이다.

아랫변의 길이는 40, 높이는 80, 사다리꼴의 넓이는 1920이다.

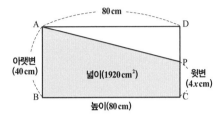

따라서
(사다리꼴의 넓이)$=\dfrac{1}{2}\times\{($윗변의 길이$)+($아랫변의 길이$)\}\times$높이
$=\dfrac{1}{2}\times(4x+40)\times80=1920$이다.

수식 계산하기

$\dfrac{1}{2}\times(4x+40)\times80=1920$

$(4x+40)\times40=1920$

$4x+40=48$

$4x=8$

$x=2$

정답 표현하기 x의 값을 구했으니 문제의 정답은 2초일까? 여기서 다시 문제를 푼 과정을 돌아보아야 한다. 우리가 정한 x는 20초가 지난 후에 흐른 시간이었다. 따라서 x의 값에 20초를 더해야 맞는 답이 된다. 정답은 $20+2=22$초 후이다.

3 그림과 같이 가로의 길이가 80 cm, 세로의 길이가 50 cm인 직사각형 ABCD에 움직이는 점 P가 있다. 점 P는 꼭짓점 B에서 출발하여 매초 2 cm의 속력으로 시계 방향으로 직사각형의 변을 따라 움직이다가 어느 순간 삼각형 ABP의 넓이가 1750 cm²가 되었다. 이때, 점 P가 이동하는 데 걸린 시간은 몇 초인지 구하시오.

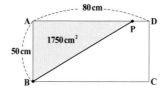

4 그림과 같이 가로의 길이가 80 cm, 세로의 길이가 50 cm인 직사각형 ABCD에 움직이는 점 P가 있다. 점 P는 꼭짓점 B에서 출발하여 매초 2 cm의 속력으로 시계 방향으로 직사각형의 변을 따라 움직이다가 어느 순간 사각형 ABPD의 넓이가 2480 cm²가 되었다. 이때, 점 P가 이동하는 데 걸린 시간은 몇 초인지 구하시오.

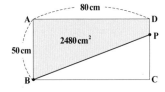

07

과부족에 대한 방정식

과부족 문제 풀이의 핵심은 물건을 받는 사람의 수나
원래 가지고 있던 물건의 수는 변함이 없다는 것이다.
그래서 변하지 않는 수를 기준으로 방정식을 세워 문제를 해결한다.

남는 것과 부족한 것

살다 보면 딱 들어맞는 안성맞춤의 경우는 드물다. 대부분은 넉넉하게 준비했다가 남는다든지 딱 맞게 준비한다고 했는데 모자라는 경우가 많다. 과부족 문제는 이와 같은 실생활의 상황을 풀어내는 문장제라고 할 수 있다.

남는 것과 부족한 것은 부등식의 의미인 '더 크다.' 혹은 '더 작다.'와 의미가 통한다. 그런데 우리는 '같다.'라는 의미의 등식인 '방정식'을 이용하여 문제를 해결하고자 한다. 그렇다면 남는 것과 부족한 것에 초점을 두지 말고 그 상황에서 여전히 변함이 없는 것을 기준으로 삼아 문제를 해결해야 한다.

물건을 똑같이 나누어 주는 상황이라면 사람의 수와 그 물건의 수를 생각할 수 있을 텐데, 나누어 주면서 남거나 모자라더라도 그 물건을 받는 사람의 수와 원래 가지고 있던 물건의 수는 사실상 변함이 없다. 이 둘 중 무엇을 기준으로 등식을 세우느냐가 관건이 될 것이다.

문장제의 유형 소개

과부족 문제 유형은 크게 세 가지로 나누어 볼 수 있다.

첫 번째는 사람들에게 무언가를 똑같이 나누어 주는 상황의 문제이다.

두 번째는 한 줄 서기의 문제이다.

일정한 인원이 줄을 설 때 한 줄에 몇 명씩 서는가에 따라 맨 끝줄에 서는 사람의 수가 달라질 수 있다. 하지만 줄을 서기로 한 사람의 수는 늘 일정하다는 걸 잊지 말아야 한다.

마지막으로 긴 의자에 앉기 문제가 있다.

여러 명이 앉을 수 있는 벤치 형태의 긴 의자에 몇 명씩 앉느냐에 따라 의자가 부족하거나 남는 상황이 생기는 것을 이용한 문제이다.

공략 비법 —변함없이 유지되는 수를 파악하라

과부족 문제는 주관을 가지고 문제를 읽지 않으면 도대체 무엇으로 등식을 세워야 하는지 무척 헷갈리는 문제이다. 여기서는 '과부족'이라는 주제에서 알 수 있듯이 항상 두 가지의 상황을 힌트로 준다. 하나는 모자라서 부족한 상황을, 또 하나는 넘쳐서 남는 상황을 제시해 준다는 것이 특징이다. 그런데 그 바탕에는 변함없이 유지되는 개수가 있음을 빨리 파악해야 한다. 문제를 잘 이해했다면 사람의 수나 물건의 개수는 변함이 없다는 사실을 알 수 있다.

따라서 두 가지 상황에서 그 개수를 구하는 식을 각각 찾아낸 다음 두 식의 값이 같다는 것을 이용해서 방정식을 세우면 문제를 해결할 수 있다.

1 | 똑같이 나누어 주기

 문제
난이도 ★

> 학생들에게 귤을 나누어 주려고 하는데 한 명당 5개씩 나누어 주면 9개가 부족하고 4개씩 나누어 주면 15개가 남는다. 학생 수와 귤의 개수를 구하시오.

읽고 표시하기

학생들에게 귤을 나누어 주려고 하는데 / 한 명당 5개씩 / 나누어 주면 9개가 부족 / 하고 4개씩 / 나누어 주면 15개가 남는다. / <u>학생 수와 귤의 개수</u>를 구하시오.

문제 이해하기　　　똑같이 나누어 주는 문제는 최대공약수 문제에서 살펴봤듯이 딱 맞게 나누어 주는 상황이 제일 간단하다. 12개의 귤을 3명에게 나누어 주는 경우 각각 4개씩 똑같이 나누어 줄 수 있기 때문이다. 하지만 과부족 문제에서는 보다시피 두 가지 상황이 벌어질 수 있다.

1. 부족한 경우 : 5개씩 주면 9개가 부족함
2. 남는 경우 : 4개씩 주면 15개가 남음

그런데 중요한 것은 어느 경우라도 학생 수와 귤의 개수는 변함이 없다는 것이다. 따라서 '학생 수'나 '귤의 개수' 중 하나를 미지수로 두고 등식은 나머지 하나를 기준으로 세우면 된다.

기본적으로 잊지 말아야 할 관계식은

(귤의 개수)＝(학생 수)×(1인당 귤의 개수)＋(남는 귤의 개수)

＝(학생 수)×(1인당 귤의 개수)－(모자라는 귤의 개수)

이므로 기준을 무엇으로 정하느냐에 따라 이 식을 활용하면 된다.

풀이 계획 짜기   풀이는 두 가지 방법 중에서 택할 수 있다.

첫 번째, 학생 수를 미지수로 두고 귤의 개수를 기준으로 등식을 세울 수 있다. 학생 수를 x로 두고, (부족한 경우의 귤의 개수)＝(남는 경우의 귤의 개수)로 등식을 세운다.

두 번째, 귤의 개수를 미지수로 두고 학생 수를 기준으로 등식을 세울 수 있다. 귤의 개수를 x로 두고, (부족한 경우의 학생 수)＝(남는 경우의 학생 수)로 등식을 세운다.

여기서는 두 가지 방법으로 모두 풀어 보면서 풀이 방법을 비교하기로 하자.

조건 찾아 넣기

1. 한 명당 5개씩 나누어 주면 9개가 부족하고 → **부족한 경우**

2. 4개씩 나누어 주면 15개가 남는다. → **남는 경우**

무엇을 기준으로 방정식을 세우느냐에 따라 개수를 표현하는 것이 달라진다.

첫 번째, 귤의 개수를 기준으로 방정식을 세워 보자.

학생 수 : x

(부족한 경우의 귤의 개수)＝(남는 경우의 귤의 개수)

(귤의 개수)＝(학생 수)×(1인당 귤의 개수)－(모자라는 귤의 개수)

　　　　＝(학생 수)×(1인당 귤의 개수)＋(남는 귤의 개수)

이므로, $5x-9=4x+15$이다.

두 번째, 학생 수를 기준으로 방정식을 세워 보자.

귤의 개수 : x

(부족한 경우의 학생 수)＝(남는 경우의 학생 수)

(학생 수)는 위의 귤의 개수를 구하는 식을 변형해서

(학생 수)＝{(귤의 개수)＋(모자라는 귤의 개수)}÷(1인당 귤의 개수)

　　　　＝{(귤의 개수)－(남는 귤의 개수)}÷(1인당 귤의 개수)

이므로, $(x+9)÷5=(x-15)÷4$이다.

두 식을 비교하여 살펴보자.

귤의 개수를 기준으로 세운 첫 번째 식이 더 간단해 보인다.

따라서, 더 간단한 식을 세우려면 더 적은 개수를 미지수로 잡으면 된다. 즉, 학생 수가 귤의 개수보다 적으므로 학생 수를 x로 잡고 귤의 개수를 기준으로 방정식을 세우면 더 쉬운 식을 다루게 된다.

첫 번째, 귤의 개수를 기준으로 세운 방정식

$$5x-9=4x+15$$

$$x=24$$

두 번째, 학생 수를 기준으로 세운 방정식

$$(x+9)\div5=(x-15)\div4$$

$$\frac{(x+9)}{5}=\frac{(x-15)}{4}$$

$$4(x+9)=5(x-15)$$

$$4x+36=5x-75$$

$$x=111$$

첫 번째 풀이 방법에서 학생 수를 x로 두었기 때문에 24는 학생 수가 된다. 귤의 개수는 부족한 경우 혹은 남은 경우를 택하여 계산식에 넣어 보면 된다. 등식의 좌변에 있는 부족한 경우로 귤의 개수를 구하면 $5\times24-9=111$(개)가 되는 걸 알 수 있다.

두 번째 풀이 방법에서 귤의 개수를 x로 두었기 때문에 111은 귤의 개수가 된다. 학생 수는 부족한 경우와 남은 경우를 택하여 계산식에 넣어 보면, 학생 수는 $(111+9)\div5=24$(명)이 되는 걸 알 수 있다.

정답은 학생은 24명, 귤은 111개이다.

문제의 핵심은 귤의 개수와 학생 수는 바뀌지 않는다는 점!

1 학생들에게 사탕을 나누어 주는데 3개씩 주면 4개가 남고, 4개씩 주면 3개가 부족해진다. 이때, 학생 수와 사탕의 개수를 구하시오.

문제
난이도 ★★

> 몇 명의 학생들이 줄을 서고 있다. 한 줄에 5명씩 서면 3명이 남고 한 줄에 6명씩 서면 1명이 남는데 5명씩 설 때보다 한 줄이 줄어든다. 학생의 수를 구하시오.

읽고 표시하기

몇 명의 학생들이 줄을 서고 있다. 한 줄에 5명씩 서면 3명이 남고 //

한 줄에 6명씩 서면 1명이 남는데 / 5명씩 설 때보다 한 줄이 줄어든

다. // 학생의 수를 구하시오.

문제 이해하기　　　　문제가 조금 복잡해졌다. 상황이 그렇기도 하지만

또 다른 이유가 분명히 있다. 보통은 구하려고 하는 것을 미지수로 두

기 때문에 이 문제도 당연히 '학생의 수'를 미지수로 두려고 할 것이다.

그런데 그렇게 하면 식을 세우는 게 쉽지 않다. 마치 앞에서 다루었던

'똑같이 나누어 주기' 문제에서 학생의 수를 미지수로 잡지 않고 귤의

개수를 미지수로 잡았더니 방정식 속에 나누기가 들어간 등식이 나온

것과 같다.

'줄 세우기' 문제에서 주제가 되는 두 가지는 줄의 수와 학생의 수인데 둘 중 더 작은 것, 즉 줄의 수를 미지수로 잡는 것이 좋다. 그래야 나누기가 아닌 곱하기로 이루어진 방정식을 세워 더 수월하게 문제를 풀수 있다.

방정식 문장제에서 무조건 묻고 있는 것을 미지수로 잡는 게 능사가 아니라는 걸 보여 주는 대표적인 문제이다.

풀이 계획 짜기

일단 두 가지 상황을 정리해 보자.

1. 남는 경우 : 한 줄에 5명씩 서면 3명이 남음.

2. 또 남는 경우 : 한 줄에 6명씩 서면 1명이 남는데 이때 줄이 하나 줄어들었음.

두 가지 경우에 줄의 수가 서로 다르다. 2의 상황에서 줄이 '하나' 줄어들었다.

그래서 줄의 수를 미지수 x로 잡으면 다음과 같다.

1. 남는 경우 : x

2. 또 남는 경우 : $x-1$

이제 '학생의 수'가 서로 같다는 것을 기준으로 방정식을 세운다.

즉, (3명이 남는 경우의 학생 수) = (1명이 남는 경우의 학생 수)가 풀이 계획이다.

(학생 수) = (한 줄에 서는 학생 수) × (줄의 수) + (남는 학생 수)

로 계산할 수 있다.

3명이 남는 경우 줄의 수를 x로 두자.

한 줄에 5명씩 서면 3명이 남고

→3명이 남는 경우의 학생의 수는 $5x+3$이다.

한 줄에 6명씩 서면 1명이 남는데 5명씩 설 때보다 한 줄이 줄어든다.

→1명이 남는 경우의 학생의 수는 $6(x-1)+1$이다.

따라서 $5x+3=6(x-1)+1$이다.

수식 계산하기

$5x+3=6(x-1)+1$

$5x+3=6x-6+1$

$x=8$

정답 표현하기 우리가 구한 x의 값은 줄의 수이다. 그런데 문제는
학생의 수를 묻고 있다. 그렇다면 학생의 수는 등식의 양변 중 하나에
x값인 8을 대입하여 계산해야 한다.

좌변의 식으로 구하면 $5 \times 8 + 3 = 43$이니 정답은 43명이다.

2 상민이 반 학생들이 줄을 서는데 한 줄에 4명씩 서면 3명이 남고 한 줄에 5명씩 서면 2명이 남는데 4명씩 설 때보다 한 줄이 줄어든다고 한다. 이때 상민이 반 학생 수를 구하시오.

3 긴 의자에 앉기

문제
난이도 ★★★

강당에 긴 의자가 있는데 한 의자에 4명씩 앉으면 10명의 학생이 못 앉고, 한 의자에 5명씩 앉으면 3명이 앉는 의자가 1개 생기고 의자가 4개 남는다. 학생 수를 구하시오.

읽고 표시하기

강당에 긴 의자가 있는데 한 의자에 4명씩 앉으면 / 10명의 학생이 못 앉고, // 한 의자에 5명씩 앉으면 / 3명이 앉는 의자가 1개 생기고 / 의자가 4개 남는다. // 학생 수를 구하시오.

문제 이해하기 　　　　바로 전 문제에서 워밍업을 한 상태이기 때문에 긴 의자 문제는 조금 덜 어렵게 느껴질 것이다. 아까의 교훈을 잊지 말고 차근차근 필요한 것을 찾아보자.

우선 이 문제에서 모르고 있는 두 가지를 찾는다. 그것은 바로 '의자의 개수'와 '학생 수'이다. 그러면 의자 개수와 학생 수를 모두 물어볼 수도 있는데 대체로 학생 수를 묻는 문제가 많다. 왜냐하면 '학생 수'를 미지수로 두면 식이 복잡해지므로 묻고 있지 않은 의자의 개수를 미지수로 두고 풀 수 있는 수학적 센스가 있는지 평가할 수 있기 때문이다.

이전 문제에서도 그랬듯이 의자의 개수보다는 학생 수가 더 많고

(학생 수) = (의자의 개수) × (한 의자에 앉을 사람 수)

의 관계가 성립되기 때문에 의자의 개수를 미지수로 두는 것이 좋다.

또 다른 특징은 주어진 의자에 모든 사람들이 딱 맞게 앉지 못한다는 것이다. 이것은 무언가를 똑같이 나누어 주고 남는 경우가 생기는 것과 같은 상황이다.

따라서 학생 수를 기준으로 방정식을 만들면 문제를 쉽게 풀 수 있다.

풀이 계획 짜기

그림을 통해 상황을 구체적으로 이해해 보자.

1. 의자가 부족한 경우

   4명씩 앉고 학생 10명이 남는다. 꽉 채워 앉은 의자를 미지수 x로 둔다.

2. 의자가 남는 경우

   5명씩 앉고 3명씩 앉는 의자가 1개 있으며 의자 4개가 남는다.

   완전히 빈 의자가 4개, 꽉 채우지 못하고 앉은 의자가 1개이다.

   따라서 꽉 채워 앉은 의자는 $(x-5)$개이다.

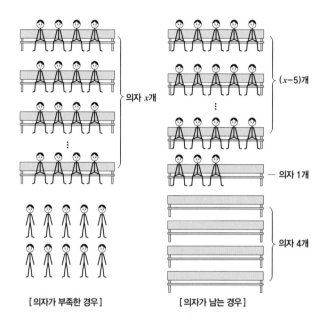

[의자가 부족한 경우]   [의자가 남는 경우]

두 가지 상황에서 변함이 없는 수는 물론 의자 개수와 학생 수이지만
의자의 개수는 이미 미지수 x로 두었기 때문에 학생 수를 양변에 두고

(의자가 부족한 경우의 학생 수)＝(의자가 남는 경우의 학생 수)

와 같은 등식을 세운다.

조건 찾아 넣기   의자가 부족한 경우 → (학생 수)＝(한 의자에 앉을
수 있는 학생 수)×(꽉 채워 앉은 의자 개수)＋(남은 사람 수)＝$4x+10$
의자가 남는 경우 → (학생 수)＝(한 의자에 앉을 수 있는 학생 수)×
(꽉 채워 앉은 의자 개수)＋(남은 사람 수)＝$5(x-5)+3$
따라서 $4x+10=5(x-5)+3$이다.

$4x+10=5(x-5)+3$

$4x+10=5x-25+3$

$x=32$

원래 미지수로 두었던 것이 의자의 개수이므로 긴 의자가 32개라는 결론이 나왔다.

학생 수는 등식의 양변 중 하나에 32를 대입해서 구하면 된다. 좌변의 식을 이용하여 구하면 $4 \times 32 + 10 = 138$(명)이다.

3 강당의 긴 의자에 학생들이 앉는데 한 의자에 4명씩 앉으면 5명의 학생이 못 앉고, 한 의자에 5명씩 앉으면 완전히 빈 의자가 3개, 4명이 앉은 의자가 1개가 된다. 학생의 수와 의자의 개수를 구하시오.

4 강당의 긴 의자에 학생들이 앉는데 한 의자에 5명씩 앉으면 12명이 못 앉고, 한 의자에 6명씩 앉으면 마지막 의자에는 5명이 앉고 완전히 빈 의자가 2개 생긴다. 학생 수는 몇 명인지 구하시오.

08
시간에 대한 방정식

시간에 대한 문제는 크게 나이 계산하기 문제,
달력에서 규칙을 찾는 문제,
시계의 시침과 분침이 이루는 각도를 구하는 문제,
이렇게 세 가지 유형으로 나눌 수 있다.

시간은 누구에게나 똑같이 흐른다

시간은 누구에게나 공평하게 흐른다. 1분 1초가 흘러 1시간을 만들어 내고, 하루하루가 쌓여서 일주일이라는 시간이 흐른다.

엄마와 딸의 나이는 다르지만 몇 년이 지나면 그동안 먹은 나이는 똑같다. 1990년의 일주일이나 2010년의 일주일이나 7일인 것은 다 마찬가지이다. 시간과 관련된 문제에서는 바로 이러한 시간의 상식을 중요하게 생각해야 한다.

시간과 관련된 문제 중에서 시계의 시침과 분침의 각도에 대한 것을 가장 까다롭게 느끼는 학생들이 많다. 초등학교 때 시계 문제를 배웠다고 해도 중학교 이후로는 정식 교육과정에서 따로 다루지 않기 때문에 더 그럴지도 모른다. 게다가 시계는 원이라는 도형과도 연결되는 문제이다. 무조건 외우는 것은 좋은 방법이 아니다. 시간이 좀 걸리더라도 원리를 충분히 이해하고 관련된 공식을 유도하는 것이 중요하다.

문장제의 유형 소개

가장 쉬운 유형은 나이를 소재로 한 문제이다. 누구나 한 해가 지나면 똑같이 한 살을 먹는다는 것만 이해하면 쉽게 식을 세워 풀 수 있다.

그다음은 달력과 날짜 사이의 관계에 대한 유형이다. 물론 여기서는 달력의 숫자에 대한 규칙을 알고 식을 세우는 것이 중요하다.

마지막으로 시계의 시침과 분침이 이루는 각도에 대한 문제이다. 이때는 시침과 분침이 이동하는 각에 대한 원리를 이해하고 공식을 외우고 있어야 식을 세울 수 있다. 따라서 문제를 풀기 전에 x시 y분에 시침이 이동하는 각도는 $30x° + 0.5y°$이고 분침이 이동하는 각도는 $6y°$라는 공식을 유도하는 과정에 좀 더 신경을 써서 공부해야 한다.

공략 비법 – 시침과 분침의 각을 구하는 공식이 필수다
시계 문제에서 시침과 분침의 각도는 나오지만 초침은 나오지 않는다.
1분은 60초라서 초침은 1분에 항상 360도 한 바퀴를 다 돌기 때문에
초침이 나오면 문제가 무척 싱거워진다. 시침과 분침을 다루어야 두
바늘 사이의 각도에 대해 물어볼 것이 생긴다. 따라서 1분 동안 시침과
분침이 이동하는 각도에 대한 공식만 기억해 두면 문제를 푸는 열쇠를
손에 쥐는 셈이다.

시계의 시침과 분침이 이루는 각도를 구하는
공식 원리를 이해하자

시계의 시침과 분침이 이루는 각도를 구하는 공식은 방정식에서뿐만
아니라 언제 어디서든 이용할 수 있으므로 수학의 상식으로 기억하기
바란다.

1시간에 한 바퀴를 도는 분침부터 먼저 따져 보자.

시계에서 분침의 위치는 몇 시냐는 전혀 상관없고 단지 몇 분이냐에
따라 결정된다.

분침은 60분 동안 한 바퀴, 즉 360°를 돌기 때문에 1분 동안 $\frac{360°}{60}=6°$씩
움직인다. 따라서 지금의 어떤 시각을 x시 y분이라고 한다면, 분침이
이루는 각도는 $6y°$가 되는 것이다.

이번에는 시침을 따져 보자.

시침은 시와 분에 모두 영향을 받는다. 그러니까 일단 몇 시냐에 따라
그 숫자까지 바늘이 움직이고 난 다음 몇 분이냐에 따라 또 조금씩 움
직인다.

시침은 12시간 동안 한 바퀴, 즉 360°를 돌므로 1시간 동안 $\dfrac{360°}{12}=30°$ 씩 움직인다. 그다음 1시간, 즉 60분 동안 숫자 한 칸을 움직인다. 숫자와 숫자 사이의 간격이 30°이므로 1분 동안 $\dfrac{30°}{60}=0.5°$를 움직인다. 따라서 x시 y분에 시침이 이동하는 각도는 $30x°+0.5y°$이다.

x시 y분에 바늘이 이동한 각도는 다음과 같다.

시침 : $30x°+0.5y°$

분침 : $6y°$

1 : 나이 따지기

문제
난이도 ★

현재 정현이는 15세, 엄마는 40세이다. 엄마의 연세가 정현이의 나이의 2배가 되는 것은 지금으로부터 몇 년 후인지 구하시오.

읽고 표시하기

현재 정현이는 15세, / 엄마는 40세 / 이다. 엄마의 연세가 정현이의 나이의 2배 / 가 되는 것은 지금으로부터 몇 년 후인지 구하시오.

문제 이해하기   알다시피 나이는 누구나 한 해에 한 살씩 먹는다. 아무리 세월이 흘러도 나이가 다른 두 사람의 나이가 같아지는 경우는 생길 수 없다. 따라서 '~배'를 구하는 문제일 수밖에 없다.

앞에서 형과 동생이 일정 금액만큼 예금하는 문제를 다뤘다. 나이에 대한 문제도 이와 비슷하게 느껴지지만, 처음 예금액은 형이 더 많았다고 하더라도 그 이후 매달 동생이 예금하는 금액이 더 많다면 어느 순간 예금 총액이 서로 같아질 수 있다. 하지만 나이는 절대 불가능하다. 결정적으로 이 점이 큰 차이다.

풀이 계획 짜기　　해가 갈수록 정현이와 엄마는 똑같이 한 살씩 나이를 먹는다. 따라서 미지수를 '흐른 햇수'로 둔다면 문제의 표현 그대로 (엄마의 나이)=2×(정현이의 나이) 라는 방정식을 만들 수 있다.

조건 찾아 넣기　　흐른 햇수를 미지수 x로 두면,

현재 정현이의 나이 : 15세 → x년 후 정현이의 나이 : $(15+x)$세

현재 엄마의 나이 : 40세 → x년 후 엄마의 나이 : $(40+x)$세

x년 후 정현이와 엄마의 나이 관계식은

(엄마의 나이)=2×(정현이의 나이)이므로 $40+x=2(15+x)$이다.

수식 계산하기

$40+x=2(15+x)$

$40+x=30+2x$

$x=10$

정답 표현하기　　정답은 10년 후이다.

누구든 매년 한 살씩 나이를 먹기 때문에 사람들 사이의 나이 차는 변하지 않아!

하지만 내 얼굴은 나이를 안 먹네~ 어쩔 거야 이 미모~

1 현재 민서와 엄마의 나이의 차는 29살이고 12년 후에 엄마의 나이는 민서의 나이의 2배보다 9살이 많다고 한다. 현재 엄마의 나이를 구하시오.

문제
난이도 ★ ★

다음은 어느 해의 달력이다. 색칠한 부분과 같이 세 수를 선택하여 모두 더했
더니 78이 되었다. 세 수 중에서 가장 큰 수를 구하시오.

일	월	화	수	목	금	토
						3月
				1	2	3
4	5	6	7	8	9	10
11	12	13	14	15	16	17
18	19	20	21	22	23	24
25	26	27	28	29	30	31

읽고 표시하기

다음은 어느 해의 달력 / 이다. 색칠한 부분과 같이 세 수를 선택 / 하여
모두 더했더니 78 / 이 되었다. 세 수 중에서 가장 큰 수를 구하시오.

문제 이해하기　　　달력 문제는 달력이 어떻게 구성되어 있는지를 파악
해야 쉽게 풀 수 있다. 달력은 일주일씩 한 줄로 표시되어 있고, 일주일

은 7일로 구성되어 있다. 따라서 같은 세로줄에 있는 수들을 보면 7씩 차례로 커진다. 8일의 바로 아랫줄에 오는 날짜는 $8+7=15$일이 되는 식이다.

이 문제는 세 날짜를 묶었을 때 그 안에 어떤 규칙이 숨어 있는지 알아내는 게 관건이다. 물론 미지수는 가장 적은 개수를 사용하는 것이 좋다.

풀이 계획 짜기　먼저 세 날짜 중 가장 빠른 날짜를 미지수 x로 두자. 그다음은 정확히 일주일 뒤가 두 번째 날이 된다. 일주일 뒤이기 때문에 7일을 더해 $x+7$로 표현할 수 있다. 이것은 문제의 보기에서 $8+7=15$, $12+7=19$가 되는 것으로도 확인할 수 있다. 마지막 날은 그 날에서 하루가 더 지난 것이기 때문에 $x+8$로 표현하면 된다.

따라서 미지수 x를 사용해서 세 날짜를 표현한 다음 그 세 날짜를 더한 값이 78임을 이용한다.

(첫 번째 날짜) + (두 번째 날짜) + (세 번째 날짜) $=78$

조건 찾아 넣기

(첫 번째 날짜) : 미지수 x

(두 번째 날짜) : $x+7$

(세 번째 날짜) : $x+8$

이 세 수를 모두 더해 78이 된다고 했으므로

$x+(x+7)+(x+8)=78$이다.

$x+(x+7)+(x+8)=78$

$3x+15=78$

$3x=63$

$x=21$

첫 번째 날은 21일이고, 두 번째 날은 $21+7=28$일, 마지막 날은 $21+8=29$일이다. 문제에서는 가장 큰 수를 묻고 있으므로 정답은 29이다.

153

2 다음은 어느 해의 달력이다. 이 달력의 4개 날짜를 그림과 같이 묶어서 더했을 때 72가 되도록 하는 네 날짜 중에서 두 번째로 큰 수를 구하시오.

		3月				
일	월	화	수	목	금	토
					1	2	3
4	5	6	7	8	9	10
11	12	13	14	15	16	17
18	19	20	21	22	23	24
25	26	27	28	29	30	31

문제
난이도 ★ ★ ★

7시와 8시 사이에서 시침과 분침이 180°를 이루는 시각을 구하시오.

읽고 표시하기

7시와 8시 / 사이에서 시침과 분침이 180° / 를 이루는 <u>시각</u>을 구하시오.

문제 이해하기   나이나 날짜 문제와는 달리 시간의 문제는 각도 문제와 직결된다. x시 y분에 시침이 이동하는 각도는 $30x° + 0.5y°$이고 분침이 이동하는 각도는 $6y°$라는 것을 문제에 적용해 보자.

풀이 계획 짜기   문제에서 7시와 8시 사이라고 한정하였으니 시각은 7시 y분이라고 하자. 시계가 7시를 가리키고 있는 그림을 그려 보면 180°라는 각을 이루기 위해서는 12시를 기준으로 분침이 시침에 비해 훨씬 덜 이동해야 한다는 걸 알 수 있다.

그 사실을 염두에 두고

(시침이 이루는 각)−(분침이 이루는 각)=180°

라는 등식을 세운다.

조건 찾아 넣기 문제를 공식에 적용하면

(시침이 이루는 각)=$(30 \times 7)° + 0.5y°$

(분침이 이루는 각)=$6y°$

이다. 따라서 $\{(30 \times 7)° + 0.5y°\} - 6y° = 180°$ 라는 식이 성립한다.

수식 계산하기 단위는 잠시 생략하고 방정식을 풀어 보자.

$(210 + 0.5y) - 6y = 180$

$30 = 5.5y$

$y = \dfrac{60}{11}$

정답 표현하기 그러니까 7시 $\dfrac{60}{11}$분에 두 바늘은 정확히 180°를 이룬다. $\dfrac{60}{11}$분이라는 표현은 실생활에서는 적합하지 않다. 하지만 수학적으로 정확히 계산할 필요가 있으므로 분수 표현이 불가피하다.

156

3 5시와 6시 사이에 시침과 분침이 일치하는 시각을 구하시오.

4   1시와 2시 사이에 시침과 분침이 겹칠 때의 시각을 구하시오.

속력에 대한
방정식

속력 문제는 꽤 자주 출제된다.

속력 문제를 풀 때는 문제 속에서 속력, 거리, 시간이라는 3요소를 찾은 후,

공식 (속력)=$\dfrac{(거리)}{(시간)}$ 를 이용해서 문제를 풀어야 한다.

속력을 구하는 공식

방정식 문제 중 우리를 가장 긴장시키는 문제가 바로 속력 문제이다. 속력도 일단 과학과 관련된 개념을 먼저 알고 있어야 그다음으로 수학 문제를 해결할 수 있다.

'속력'은 얼마나 빠른지를 수치로 나타낸 것이다.

예를 들어 희동이는 100 m를 달렸고 세진이는 500 m를 달렸다고 하자. 둘 중 누가 더 빠를까? 언뜻 봐서는 더 많이 달린 세진이일 것 같지만 희동이는 10초 만에 100 m를 달렸고 세진이는 하루 동안 500 m 움직인 거라면 희동이가 훨씬 빠른 것이다. 다시 말해, 달린 거리만으로는 누가 더 빠른지 판단할 수 없고, 얼마만큼의 시간 동안 얼마만큼의 거리를 움직였는지 알아야 속력을 파악할 수 있다.

일정한 시간 동안 움직인 거리를 알면 움직인 거리가 클수록 속력이 빠르므로 속력은 다음과 같이 정의한다.

$$(속력) = \frac{(거리)}{(시간)}$$

만약 일정 거리에 대해 움직인 시간으로 속력을 정의한다면 걸린 시간이 짧을수록 속력이 더 빠른 것인데 이는 얼른 생각하기 힘들다.

속력을 구하는 공식을 통해 다음의 두 가지 변환 공식을 덤으로 얻을 수 있다.

$$(속력) = \frac{(거리)}{(시간)} \rightarrow (시간) = \frac{(거리)}{(속력)}, \quad (거리) = (시간) \times (속력)$$

세 공식이 헷갈릴 수도 있을 테니까 다음의 마우스 그림으로 외워 놓고 적용하면 좋다.

첫 자음만 보면 ㄱ(거리)과 ㅅ(시간, 속력)으로 구분되는데 그중 ㄱ만 마우스 위쪽에 있음을 기억하면 잊어버릴 염려가 없다. 예를 들어 거리를 어떻게 구하는지 알고 싶으면 거리를 뺀 나머지가 시간과 속력인데 이 둘은 가로로 평행하게 놓여 있으니 곱셈으로 연결하면 (거리)=(시간)×(속력)임을 파악할 수 있다.

또 시간의 공식을 얻고 싶으면 속력이 마우스의 아래에, 거리가 마우스의 위에 위치하므로 분수에서 분모와 분자의 위치와 같다고 생각하면 다음 공식을 금방 떠올릴 수 있다. 속력 또한 시간과 마찬가지로 구한다.

$$(시간)=\frac{(거리)}{(속력)}, \quad (속력)=\frac{(거리)}{(시간)}$$

문장제 유형 소개

속력에 대한 문장제는 나올 수 있는 상황이 무척 다양하다. 하지만 배경 상황이 다르더라도 그 속에 속력, 거리, 시간이라는 3요소는 항상 들어 있다는 것이 핵심이다. 그러므로 주어진 상황에서 속력의 공식을 잘 이용하여 방정식을 세워 문제를 풀어야 한다.

속력 문제로 자주 나오는 문제 유형은 다음의 다섯 가지이다.

1. 똑같은 거리지만 속력과 걸린 시간이 다르게 이동하기

2. 똑같은 거리지만 시간 차를 두고 출발하기

3. 마주 보고 걷거나 둥근 호수 둘레 돌기

4. 기차가 길이가 다른 터널이나 철교 통과하기

5. 흐르는 강물 위를 움직이는 모터보트 타기

공략 비법 —속력의 합은 의미가 없다

속력 문제에서 잊지 말아야 할 것은 '거리의 합' 또는 '시간의 합'으로 등식을 세울 수 있다는 점이다. 하지만 속력의 합은 의미가 없으므로 그것을 기준으로는 등식을 세울 수 없다.

물론 드물지만 속력과 속력을 더해야 하는 경우가 있긴 하다.

흐르는 물 위를 움직이는 문제에서는 물을 따라 배가 움직이는 경우와 물을 거슬러 배가 움직이는 경우는 물의 속력과 배 자체의 속력을 더하고 빼는 계산을 해 주어야 실제로 배가 움직인 속력을 제대로 계산할 수 있다.

물 위에 배를 띄운 경우를 제외하고는 처음의 속력과 나중의 속력을 더하거나 빼는 것이 전체의 속력과 같다는 등식은 세울 수 없다.

문제
난이도 ★

> 집과 학교 사이를 왕복하는데 학교에 갈 때는 시속 4km로 걷고, 집에 올 때는
> 시속 5km로 걸어서 총 54분이 걸렸다. 집에서 학교까지의 거리를 구하시오.

읽고 표시하기

집과 학교 사이 / 를 왕복하는데 학교에 갈 때는 시속 4 km / 로 걷
고, 집에 올 때는 시속 5 km / 로 걸어서 총 54분 / 이 걸렸다. <u>집에서
학교까지의 거리를 구하시오.</u>

문제 이해하기   속력 문제는 표나 그림을 그려 조건을 표시하면 상
황에 대한 이해가 쉽다. 속력의 3요소를 표로 만들면 된다. 속력의 3요
소는 바로 '거리', '시간', '속력'이다.
이 문제는 일단 집과 학교 사이를 왕복하는 상황이다. 갈 때와 올 때
두 가지 상황에 대해 각각 거리, 시간, 속력을 따져 보자.
다른 건 몰라도 집과 학교가 움직이지는 않을 테니 갈 때의 거리와 올

때의 거리는 같다. 속력은 갈 때와 올 때가 다르다고 했으니 걸린 시간 역시 달라질 것이다.

풀이 계획 짜기 주어진 문제의 정보를 표에 넣어 보자.
구하고자 하는 '집에서 학교까지의 거리'를 x로 둔다.

	학교에 갈 때	집에 올 때
거 리	x	x
시 간		
속 력	4km/시	5km/시

시간은 총 왕복 시간만 나와 있다. 일단 마우스 공식 $(시간)=\dfrac{(거리)}{(속력)}$ 를 이용하여 빈칸을 채우자.

	학교에 갈 때	집에 올 때
거 리	x	x
시 간	$\dfrac{x}{4}$	$\dfrac{x}{5}$
속 력	4km/시	5km/시

이제 등식을 세워야 하는데 바로 여기에서 왕복 시간이 쓸모가 있다.
우리가 세울 수 있는 방정식은 바로
(학교에 갈 때 걸린 시간)+(집에 올 때 걸린 시간)=(54분)이다.

표를 채워 놓았기 때문에 필요한 조건을 찾는 것이 무척 쉬워진다.

(학교에 갈 때 걸린 시간)+(집에 올 때 걸린 시간)=(54분)이므로,

$\dfrac{x}{4}+\dfrac{x}{5}=54$이다.

그런데 여기서 이상한 점을 눈치채야 한다.

바로 단위가 제대로 되어 있느냐 하는 것이다.

54라는 수는 시간을 '분' 단위로 나타낸 것이다. 그런데 4와 5라는 속력은 어떤가? 분속이 아니라 시속이다. 따라서 시속 4km를 분속으로 고치든지, 54분을 '시간' 단위로 고치는 과정이 반드시 필요하다.

54분을 시간으로 고치려면 1시간이 60분이므로 60으로 나눠야 한다. 따라서 방정식을 다시 제대로 완성하면 $\dfrac{x}{4}+\dfrac{x}{5}=\dfrac{54}{60}$이다.

양변에 4와 5와 60의 최소공배수인 60을 곱하여 방정식을 푼다.

$\dfrac{x}{4}+\dfrac{x}{5}=\dfrac{54}{60}$

$\dfrac{x}{4}\times60+\dfrac{x}{5}\times60=\dfrac{54}{60}\times60$

$15x+12x=54$

$27x=54$

$x=2$

집에서 학교까지의 거리는 2km이다.

문제에서 시속 4km, 5km 등 km의 거리를 단위로 제시하였으므로, 답 또한 거리 단위는 km이다.

1 지민이가 집에서 학교에 갈 때 분속 120m의 속력으로 가고, 올 때는 분속 80m의 속력으로 걸었더니 총 20분이 걸렸다고 한다. 지민이의 집과 학교 사이의 거리를 구하시오.

문제
난이도 ★ ★

둘레의 길이가 3000m인 호수가 있다. 효종이와 현아가 호수의 어느 한 지점
에서 서로 반대 방향을 향하여 동시에 출발하였다. 효종이는 분속 80m, 현아는
분속 70m의 속력으로 달린다면 두 사람이 처음으로 출발한 지 몇 분 후에 서로
만나는지 구하시오.

읽고 표시하기

둘레의 길이가 3000 m / 인 호수 / 가 있다. 효종이와 현아가 호수의
어느 한 지점에서 서로 반대 방향 / 을 향하여 동시에 출발하였다. 효
종이는 분속 80 m, / 현아는 분속 70 m / 의 속력으로 달린다면 두 사
람이 처음으로 출발한 지 몇 분 후에 서로 만나는지 구하시오.

문제 이해하기   거리를 직선으로 제시한 문제가 있는가 하면 지금처
럼 둥근 형태로 줄 때가 있다. 보통 호수나 운동장 트랙으로 묘사가 되
는데 어쨌든 둥근 원이라는 것이 핵심이다.

이 문제 유형은 어느 한 지점에서 동시에 서로 다른 방향으로 출발하는 경우와 서로 같은 방향으로 출발하는 경우로 나뉜다. 좀 더 어려워지면 시간 차이를 두고 출발하는 경우도 생각해 볼 수 있다. 어떤 경우든 핵심은 바로 이 두 가지이다.

첫 번째, 시간의 관점에서 보면

(효종이가 걸린 시간)=(현아가 걸린 시간)

두 번째, 거리의 관점에서 보면 다음과 같다.

- 서로 다른 방향으로 출발하는 경우

  (효종이가 간 거리)+(현아가 간 거리)=(원 둘레의 길이)

- 서로 같은 방향으로 출발하는 경우

  (효종이가 간 거리)-(현아가 간 거리)=(원 둘레의 길이)

이와 같이 문제의 상황을 이해하면 해결의 실마리를 잡은 것이다. 서로 다른 속력은 문제에서 구체적으로 제시되었다.

풀이 계획 짜기 이 문제에서는 두 사람이 서로 반대 방향으로 동시에 출발하였으므로 (효종이가 간 거리)+(현아가 간 거리)=(원 둘레의 길이)를 이용하면 된다. 그런데 거리를 직접적으로 알려 주고 있지 않기 때문에 다른 방법으로 표현할 길을 찾아야 한다.

마우스 공식 (거리)=(시간)×(속력)을 떠올려 보자.

조건 찾아 넣기 출발한 지 몇 분 후에 만나는지를 묻고 있으므로 걸린 시간을 x로 두자.

두 사람이 출발하고 만날 때까지 걸린 시간을 x라고 할 때,

(효종이가 간 거리)＝(효종이가 간 시간)×(효종이의 속력)＝$x×80$,

(현아가 간 거리)＝(현아가 간 시간)×(현아의 속력)＝$x×70$이다.

(호수 둘레의 길이)＝3000

따라서 (효종이가 간 거리)＋(현아가 간 거리)＝(호수 둘레의 길이)

$80x+70x=3000$이다.

수식 계산하기

$80x+70x=3000$

$150x=3000$

$x=20$

정답 표현하기 문제에서 두 사람의 속력을 분속으로 알려 주었으므로 단위는 맞아떨어진다. 정답은 20분 후이다.

시간과 거리는 각각 단위를 통일해야 해.
문제에서 단위가 제시되어 있어.

2 둘레의 길이가 2.7 km인 원 모양의 산책로가 있다. 세민이는 분속 100 m로, 호영이는 분속 80 m로 같은 지점에서 동시에 서로 반대 방향으로 출발하였다. 두 사람이 서로 만나는 것은 출발한 지 몇 분 후인지 구하시오.

먼저 출발한 동생을 형이 자전거로 따라잡기

문제
난이도 ★★★

집에서 학교를 향하여 동생은 7시에 출발하였고, 동생이 출발한 후 4분이 지나 형이 자전거를 타고 출발하였다. 동생은 분속 50m로 걷고, 형의 자전거는 분속 70m의 속력으로 움직였다고 할 때, 형은 동생이 집을 출발한 지 몇 분 후에 동생을 따라잡을 수 있는지 구하시오.

읽고 표시하기

집에서 학교를 향하여 / 동생은 7시에 출발 / 하였고, 동생이 출발한 후 4분이 지나 / 형이 자전거를 타고 출발하였다. 동생은 분속 50m로 걷고, / 형의 자전거는 분속 70m / 의 속력으로 움직였다고 할 때, 형은 <u>동생이 집을 출발한 지 몇 분 후</u>에 동생을 따라잡을 수 있는지 구하시오.

문제 이해하기   둥근 호수 문제가 조금 더 까다로워지면 둘이 동시에 출발하지 않고 따로 출발하는 상황이 나올 수 있다. 이제 그 아이디어를 사용한 문제를 살펴보자. 이 문제의 핵심은 두 사람이 시간 차이를 두고 출발했다는 점이다. 이 경우에도 호수 문제와 같이 속력은 서

171

로 다르다. 그렇다면 시간과 거리는 어떨까?

거리의 관점에서 보면, 출발 시점은 달라도 어쨌든 따라잡았다는 건 둘이 움직인 거리가 같다는 뜻이다.

(형이 간 거리)=(동생이 간 거리)

시간의 관점에서 보면, 늦게 출발한 형이 동생을 따라잡았다는 건 형이 걸린 시간이 훨씬 짧다는 것이다.

(형이 걸린 시간)<(동생이 걸린 시간)

하지만 이런 부등식은 방정식이 아니다. 그렇다면 이 부등식을 등식으로 바꿀 수 있을까? 문제에 나온 정보를 활용하면 가능하다. 동생과 형이 4분이란 시간 차이를 두고 출발했다는 점이다. 그러니까 늦게 출발한 형에게 4분을 더해 주면 등식을 만들 수 있다.

(형이 걸린 시간)+(시간 차)=(동생이 걸린 시간)

풀이 계획 짜기　　　거리의 관점 혹은 시간의 관점 중에서 무엇을 택하여 등식을 세우면 좋을까? 그것은 문제에서 묻고 있는 걸 미지수로 두는 과정에서 결정된다.

문제에서 묻고 있는 것이 형이 걸린 시간이므로, 이를 x로 두면 동생이 걸린 시간은 $x+4$이다.

시간은 이제 표현되었으니 등식은 거리의 관점으로 세워야 한다.

(형이 간 거리)=(동생이 간 거리)

이것을 마우스 공식을 이용하여 바꾸면

(형의 시간)×(형의 속력)＝(동생의 시간)×(동생의 속력)

이다.

조건 찾아 넣기 (형이 걸린 시간) : x분, (형의 속력) : 70m/분
(동생이 걸린 시간) : $(x+4)$분, (동생의 속력) : 50m/분
(형이 간 거리)＝(동생이 간 거리)이므로
$x×70＝(x+4)×50$이다.

수식 계산하기

$x×70＝(x+4)×50$

$7x＝(x+4)×5$

$7x＝5x+20$

$2x＝20$

$x＝10$

정답 표현하기 정답이 10분 후일까? 그렇지 않다. 문제를 잘 살펴보면 형은 동생이 출발한 지 몇 분 후에 동생을 따라잡는지를 묻고 있다. 지금 구한 x는 형이 걸린 시간이다. 즉 형은 자전거를 타고 출발한 지 10분 만에 동생을 따라잡았다는 뜻이다. 그런데 동생은 형보다 4분 일찍 출발했기 때문에 4분을 더해야 정확한 답이다.
따라서 정답은 14분 후이다.

3 혜민이는 4시 정각에 학교를 출발하여 분속 50 m로 도서관을 향해 걷고 있다. 6분 후에 대성이도 학교를 출발하여 분속 80 m로 혜민이를 따라잡으려고 한다. 두 친구가 만날 때의 시각을 구하시오.

4 | 기차로 터널 통과하기

문제
난이도 ★★★★

시속 72km로 달리는 기차가 터널 입구에서부터 길이가 10km인 터널을 완전히 빠져나오는 데 8.5분이 걸렸다면 이 기차의 길이는 얼마인지 구하시오.

읽고 표시하기

시속 72km로 달리는 기차 / 가 터널 입구에서부터 길이가 10km인

터널 / 을 완전히 빠져나오는 데 8.5분 / 이 걸렸다면 이 기차의 길이

는 얼마인지 구하시오.

문제 이해하기   속력 문제의 최고 난이도는 터널 문제이다. 사실 이
문제가 어려운 것은 터널 때문이 아니라 기차 모양 때문이다. 기차는
여러 칸이 이어져 있으니까 길이가 긴데, 어디를 기준으로 움직인 거
리를 계산할지 헷갈린다. 이럴 경우에는 기차를 생각하지 말고 기차
맨 앞에 있을 기관사를 생각하는 게 좋다.
터널을 '완전히 빠져나왔다.'라는 걸 기차만 가지고 생각하면 움직인

175

거리가 얼마인지 한눈에 들어오지 않는다.

하지만 기관사 중심으로 생각하면 기차가 터널 입구에서 시작하여 터널을 완전히 빠져나왔을 때,

(움직인 거리)=(터널의 길이)+(열차의 길이)

라는 걸 쉽게 파악할 수 있다.

풀이계획 짜기 조건찾아 넣기 이제 문제의 조건을 그림으로 나타내 보자.

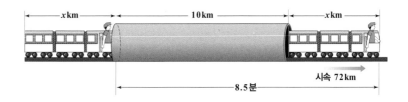

마우스 공식을 이용하여 등식을 세우자.

(거리)=(시간)×(속력)이므로

$10+x=8.5×72$이다.

속력 문제에서 각별히 주의할 것은 단위를 일치시키는 것이다.

기차의 속력이 시속 72 km였으니까 여기에 맞추어 8.5분을 시간의 단위로 고친다.

$$10+x=\frac{8.5}{60}×72$$

$$10 + x = \frac{85}{600} \times 72$$

$$x = \frac{85}{600} \times 72 - 10$$

$$x = \frac{1}{5}$$

답은 $\frac{1}{5}$km인데 기차의 길이를 나타내는 것이니까 km 단위보다는 m 단위가 더 적절해 보인다. 따라서 1000을 곱해 정답을 200m라고 하는 것이 더 좋다.

보통은 문제에서 단위를 제시하기 마련이니까 그것에 따르면 된다.

기차가 터널을 완전히 지난다는 말은?

기차의 맨 앞부분이 터널의 입구에 들어갈 때부터 기차의 맨 끝부분이 터널의 출구를 나올 때까지야.

기차가 터널을 완전히 빠져 나오는 데 움직인 거리

4 분속 1200 m로 달리는 기차가 길이가 480 m인 철교를 완전히 통과하는 데 30초가 걸린다고 한다. 이 기차의 길이는 얼마인지 구하시오.

강물 위에서 모터보트 타기

문제
난이도 ★★★★

> 물이 흐르는 속력이 시속 3km인 강에서 모터보트를 타고 12km 떨어진 강의
> 하류로 내려가는 데 48분이 걸렸다고 한다. 강의 하류에서 처음 출발한 지점
> 으로 거슬러서 되돌아오는 데 걸리는 시간을 구하시오. (단, 모터보트의 속력은
> 일정하다.)

읽고 표시하기

물이 흐르는 속력이 시속 3km인 강 / 에서 모터보트를 타고 / 12km

떨어진 강의 하류 / 로 내려가는 데 48분 / 이 걸렸다고 한다. 강의 하

류에서 처음 출발한 지점으로 거슬러서 되돌아오는 데 / 걸리는 시간

을 구하시오. (단, 모터보트의 속력은 일정하다.)

문제 이해하기　　　이 문제가 어렵게 느껴지는 건 각기 움직이는 속력

이 다른 강물과 모터보트가 겹치기 때문이다. 속력 문제의 3요소 중에

서 거리에 거리를 더하여 생각해야 하는 문제가 터널을 통과하는 기차

문제였다면 속력에 속력을 더하여 생각해야 하는 문제는 강물 위 모터

보트 문제라고 할 수 있다.

우선 이 문제를 본격적으로 분석하기 전에 모터보트보다 조금 더 일상적인 상황을 만들어 보도록 하자. 우리가 흔히 타고 다니는 에스컬레이터를 강물이라고 생각하는 것이다.

예를 들어 에스컬레이터가 내려가는 방향으로 내가 성큼성큼 더 내려간다고 생각해 보자. 에스컬레이터는 1초에 2칸을 이동하는 속력이고 나는 1초에 3칸을 더 내려가는 속력으로 움직인다면, 나는 결국 1초에 몇 칸을 움직인 셈일까? 2+3=5칸이 될 것이다. 다시 말해 1초라는 단위가 같은 상황에서라면 (에스컬레이터가 움직인 칸 수)+(내가 움직인 칸 수)=(최종적으로 이동한 칸 수)가 되는 것이다.

반대로 에스컬레이터가 이동하는 반대 방향으로 내가 움직인다면 어떨까? 물론 그런 철없는 위험한 장난을 할 나이는 아니지만 수학 문제를 위해서 잠시 생각해 보자. 에스컬레이터는 1초당 2칸씩 내려가고 나는 거꾸로 3칸씩 올라간다면, 결국 내가 실제로 올라간 칸 수는 1칸인 셈이다. 3-2=1이라는 값이 실제 이동한 칸 수로 구해지는 것이다.

강물도 마찬가지이다. 강물의 속력의 시간 단위와 모터보트의 속력의 시간 단위만 같다면 그저 속력을 더하거나 빼기만 하면 이동하는 실제 속력 값이 구해지는 것이다.

풀이 계획 짜기 　조건 찾아 넣기　　문제를 더 쉽게 이해하려면 그림을 그려보는 것도 좋은 방법이다. 단, 그림 안에 문제의 조건을 정확히 넣어야한다.

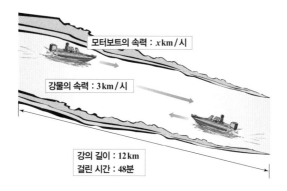

모터보트의 속력 : $x$km/시

강물의 속력 : 3km/시

강의 길이 : 12km
걸린 시간 : 48분

문제에서 묻고 있는 것은 강을 거슬러 올라갔을 때 걸리는 시간이다. 마우스 공식을 떠올려 보면 시간은 $\dfrac{(거리)}{(속력)}$이다. 문제에서 강의 하류까지가 12km라고 했으므로 거리는 12km이다. 이제 속력만 알아내면 된다. 에스컬레이터의 반대 방향으로 움직이는 상황과 같다고 생각하면 속력을 어떻게 표현해야 할지 답이 나온다.

　(상류로 거슬러 움직이는 속력)=(모터보트 속력)-(강물의 속력)

모터보트는 $x$km/시라고 정하면 문제에서 강물의 속력은 3km/시라고 했으므로 (상류로 거슬러 움직이는 속력)은 $x-3$이다. 이것을 시간 구하는 공식에 대입하면, (상류로 거슬러 움직이는 시간)$=\dfrac{12}{x-3}$이다. 그런데 이 식을 계산하려면 모터보트의 속력 x를 알아야만 하는 난관에 봉착한다. x를 알아내기 위해 모터보트가 강을 내려올 때의 상황을 이용해서 등식을 만들어 보자.

이번에는 에스컬레이터가 움직이는 방향으로 내가 움직인 상황과 마찬가지이므로 (하류로 움직이는 속력)의 계산은 (모터보트의 속력)과 (강물의 속력)의 합으로 이루어진다. 따라서 $x+3$이 된다.

문제에서 내려올 때 48분, 즉 $\dfrac{48}{60}$ 시간이 걸렸다는 걸 알려 줬다.

따라서 (하류로 움직이는 시간)$=\dfrac{\text{(하류로 움직이는 거리)}}{\text{(하류로 움직이는 속력)}}$ 이므로

$\dfrac{48}{60}=\dfrac{12}{x+3}$ 이다.

이 식을 이용해 모터보트의 속력 x를 구하고 이렇게 구한 값을 앞에서 미리 세워 놓은 (상류로 거슬러 움직이는 시간)을 구하는 공식에 넣으면 답을 구할 수 있다.

수식 계산하기

$$\dfrac{48}{60}=\dfrac{12}{x+3}$$

$$48(x+3)=12\times60$$

$$x+3=15$$

$$x=12$$

이제 앞에서 세워 놓은 식에 x의 값을 넣자.

(상류로 거슬러 움직이는 시간)$=\dfrac{12}{x-3}=\dfrac{12}{12-3}=\dfrac{12}{9}=\dfrac{4}{3}$

정답 표현하기　　모터보트가 출발 지점으로 거슬러 되돌아오는 데 걸리는 시간은 $\dfrac{4}{3}$ 시간이다.

분수는 시간을 표현하기 적절하지 않으므로 $\dfrac{4}{3}\times60=80$(분)으로 정답을 표현하면 더욱 좋다.

5 물이 흐르는 속력이 시속 3km인 강물 사이의 두 지점 A에서 B까지 보트를 타고 왕복하는 데 걸린 시간이 5시간이라고 한다. 보트의 속력이 시속 5km라면 두 지점 A와 B 사이의 거리는 얼마인지 구하시오.

6 물이 흐르는 속력이 시속 4km인 강물 사이의 두 지점 A에서 B까지 시속 6km의 속력을 가진 보트를 타고 왕복한다고 한다. 두 지점을 왕복하는 데 걸린 시간이 8시간이라고 할 때 두 지점 A와 B 사이의 거리를 구하시오.

10

농도에 대한 방정식

새 교육과정의 방정식에서는 농도 문제가 거의 사라졌다.
학생들이 까다롭다고 느끼는
농도 문제의 소재로 가장 대표적인 것은 바로 소금물이다.
그 밖에 설탕물이나 오렌지 과즙이 간혹 나오지만
접근 방법은 소금물과 동일하다.

농도를 구하는 공식

수학의 방정식에서 농도 문제를 다루는 것은 과학에서 배우는 개념과 연계하여 이해를 돕고자 함에 있기도 하다. 그런데 어느 새 과학 교과에서는 농도의 개념이 빠지고 용해도의 개념만이 남아 있게 되었고 수학 교과에만 덩그마니 남은 농도 문제는 그 깊이를 모르고 어려워지기만 하였다. 최근 새 교육과정으로 개정되면서 농도 문제가 점차 방정식에서 사라지고 있으나 이 책에서는 과도기 시점에서 참고로 남겨 두고자 한다. 하지만 정말 참고로만 가볍게 다루기를 바란다.

농도란 말 그대로 묽거나 진한 정도를 의미한다.

예를 들어 소금물 100g 속에 소금이 15g 들어 있는 A와 같은 양의 소금물 속에 소금이 35g 들어 있는 B가 있다고 했을 때 어느 쪽이 더 진한 소금물일까? 당연히 소금이 많이 들어간 B다. 그렇다면 그것이 얼마나 진한지 표현해야 하는데 그것이 바로 다음의 농도 공식이다.

$$(\% \ 농도) = \frac{(소금의\ 양)}{(소금물의\ 양)} \times 100$$

$\dfrac{(소금의\ 양)}{(소금물의\ 양)}$ 은 전체의 소금물에서 소금이 차지하는 비율이다. 그런데 항상 소금의 양이 소금물의 양보다는 적을 테니 이 공식을 사용하면 1보다 작은 소수로 표현될 것이다. 그러면 다루기가 좀 불편하다. 따라서 농도는 100을 곱하여 백분율로 나타내는 것이다.

문장제 유형 소개

농도 구하는 공식을 보면 세 가지 '농도', '소금의 양', '소금물의 양' 중에서 둘만 알면 나머지 하나도 알 수 있다. 따라서 농도 문제를 풀려면 항상 이 세 가지를 집중적으로 찾아야 된다.

농도 구하는 공식의 세 가지 요소 가운데 두 가지를 가르쳐 주고 나머지 한 가지를 묻는 문제는 가장 단순하고 난이도가 낮은 유형이다. 따라서 상황을 약간 바꾸어 비트는 유형이 종종 등장한다. 주어진 소금물에 무엇을 더 넣거나 빼서 새로운 소금물을 만드는 경우이다.

1. (주어진 소금물)+(다른 농도의 소금물 첨가)

   ⇨ (두 농도의 사이 농도인 소금물)

2. (주어진 소금물)+(소금 첨가) ⇨ (더 진해진 소금물)

3. (주어진 소금물)+(물 첨가) ⇨ (묽어진 소금물)

4. (주어진 소금물)−(물 증발) ⇨ (더 진해진 소금물)

이를 기반으로 문장제 유형은 대략 다섯 가지 정도를 꼽아 볼 수 있다.

1. 단순히 농도 구하는 공식에 대입하여 구하는 문제

2. 두 가지 다른 농도의 소금물을 섞는 문제

3. 한 소금물에서 소금의 양이 변하거나 물의 양이 변한 문제

4. 한 소금물에서 소금과 물의 양이 모두 변한 문제

5. 소금물의 소금과 물의 양을 변화시킨 다음 다른 농도의 소금물과 섞는 문제

공략 비법−주어진 소금물에서 제거의 의미가 있는 건 물의 증발뿐!

소금물에 무언가를 더 첨가할 경우에는 소금, 물, 소금물이 모두 가능한데, 주어진 소금물에서 무엇을 제거할 경우에는 물을 덜어내는 것만이 의미가 있다. 왜냐하면 주어진 소금물에서 소금물을 덜어내는 경우에는 똑같은 농도의 소금물을 덜어내는 것이니 문제가 복잡해지지 않기 때문이다. 만약 소금을 덜어낸다고 하면 이미 녹은 소금을 추출해야 하므로 여의치 않다. 하지만 물을 증발시키는 것은 가능하니까 자

연스럽게 문제로 만들 수 있다.

물론 조금 더 복잡한 상황을 만들기 위해서는 소금물을 덜어낸 다음에 소금이나 물의 양을 변화시키기도 한다.

단순히 농도 구하는 공식 적용하기

문제
난이도 ★

> 20%의 소금물 450g 중에는 몇 g의 소금이 녹아 있을까?

읽고 표시하기

20% / 의 소금물 450g / 중에는 몇 g의 소금이 녹아 있을까?

문제 이해하기　　　　단순히 공식만 알고 있으면 풀 수 있는 이런 문제는 기본 워밍업에 해당한다. 공식의 각 자리에 들어갈 조건들을 잘 찾아 대입하기만 하면 된다.

$$(\% \text{ 농도}) = \frac{(\text{소금의 양})}{(\text{소금물의 양})} \times 100$$

여기서 소금물의 농도 구하는 공식을 몇 가지로 변환시켜 다룰 수도 있음을 알아 두자.

$$(\text{소금의 양}) = (\text{소금물의 양}) \times \frac{(\text{농도})}{100}$$

$$(\text{소금물의 양}) = (\text{소금의 양}) \times \frac{100}{(\text{농도})}$$

이 중에서도 소금의 양을 구하는 공식은 매우 유용하다. 소금의 양이란 어차피 전체 소금물의 양에서 소금이 차지하는 비율을 뜻하므로, 원래의 공식에서 변환한 것을 생각하지 말고 이것 자체의 의미를 살려서 기억해라.

풀이 계획 짜기 농도 구하는 공식에 대입하여 풀 수 있다. 하지만 묻고 있는 것이 소금의 양이기 때문에 소금의 양을 구하는 공식을 사용하면 더욱 좋다.

조건 찾아 넣기 수식 계산하기

구해야 할 소금의 양을 x로 둔다.

소금물 $450\,g$ → 소금물의 양은 450이다.

20%의 소금물 → 농도는 20%이다.

따라서 $x = 450 \times \dfrac{20}{100}$ 이므로 $x = 90$이다.

정답 표현하기 소금 $90\,g$이 녹아 있다.

1 30%의 소금물 500g 속에 녹아 있는 소금의 양은 얼마인지 구하시오.

2 | 소금이나 물의 양이 변하는 소금물

문제
난이도 ★★

10%의 소금물 300g이 있다. 여기에 물 몇 g을 더 넣으면 8%의 소금물이 되는지 구하시오.

읽고 표시하기

10%의 소금물 / 300g / 이 있다. 여기에 물 몇 g을 더 넣으면 8%의 소금물 / 이 되는지 구하시오.

문제 이해하기   조금씩 상황이 복잡해지는 문제라면 나름의 전략을 갖고 있어야 한다. 농도 문제는 단연코 '표'를 이용한 풀이 방법을 추천한다. 농도 문제의 3요소인 소금, 소금물, 농도를 칸마다 채워 표를 만드는 방법이다.

	주어진 소금물	변화된 소금물
소금		
소금물		
농도		

192

문제에서 제공한 조건을 표에 최대한 채워 넣는데, 직접적인 정보뿐만 아니라 간접적으로 얻을 수 있는 정보도 포함한다. 표를 채운 다음에 가로줄과 세로줄이 만들어 내는 관계식을 통해 필요한 방정식을 세운다.

이 문제에서는 물을 더 넣어서 물의 양과 함께 소금물 전체의 양을 더 늘렸다. 그러므로 더 넣은 물의 양을 x로 둔다면 변한 소금물의 양은 (원래 소금물의 양$+x$)가 된다. 만약 물을 증발시킨 경우라면 (원래 소금물의 양$-x$)를 해서 문제를 푼다.

소금을 더 넣는 경우에는 (소금의 양$+x$)를 하면 되는데, 이때 주의할 점은 소금의 양이 변하면 소금물의 전체 양도 변하니까 (소금물의 양$+x$)도 함께 바꾸어 주어야 한다는 것이다.

풀이 계획 짜기 **조건 찾아 넣기** 물을 더 넣으면 소금의 양은 변화가 없고 소금물의 양만 더 늘어난다. 구하고자 하는 늘어난 물의 양을 x로 잡아 표를 채운다.

	주어진 소금물	변화된 소금물
소금의 양		
소금물의 양	300	$300+x$
농도	10	8

이제 나머지 빈칸을 어떻게 채울지 생각해 보자. 농도 공식의 3요소 가운데 두 개만 알면 나머지 하나를 식으로 표현할 수 있다.

	주어진 소금물	변화된 소금물
소금의 양	$300 \times \dfrac{10}{100}$	$(300+x) \times \dfrac{8}{100}$
소금물의 양	300	$300+x$
농도	10	8

자, 이번에는 표의 가로로 눈을 돌려 보자.

처음과 나중을 비교했을 때 아무런 변화가 없어서 등식을 만들 수 있는 요소는 무엇일까? 바로 소금이다. 왜냐하면 물만 더 추가했을 뿐이므로 그 속에 녹아 있는 소금은 그대로이기 때문이다.

이제 등식을 만들고 계산하는 일만 남았다.

$$300 \times \frac{10}{100} = (300+x) \times \frac{8}{100}$$

수식 계산하기

$$300 \times \frac{10}{100} = (300+x) \times \frac{8}{100}$$
$$3000 = 2400 + 8x$$
$$8x = 600$$
$$x = 75$$

정답 표현하기   정답은 75g의 물이다.

2 4%의 소금물 500 g이 있다. 여기서 물 몇 g을 증발시키면 10%의 소금물이 되는지 구하시오.

3 │ 소금물에 소금물을 섞기

문제
난이도 ★★★

> 6%의 소금물 300g과 *x*%의 소금물 100g을 섞었더니 8%의 소금물이 되었
> 다. *x*를 구하시오.

읽고 표시하기

6%의 소금물 300g / 과 *x*%의 소금물 100g // 을 섞었더니 8%의 소
금물 / 이 되었다. *x*를 구하시오.

문제 이해하기 소금물에 소금물을 섞었는데, 섞은 두 소금물의 농
도가 서로 다르다. 섞은 후 소금물의 농도가 8%가 되었다는 것은 섞은
소금물이 6%보다는 농도가 더 진하다는 의미이다.

두 가지 소금물을 섞는 문제라면 '소금'이나 '소금물'을 기준으로 등식
을 세워야 한다. 반드시 기억하자.

(A비커 소금의 양)＋(B비커 소금의 양)＝(섞은 후 소금의 양)
(A비커 소금물의 양)＋(B비커 소금물의 양)＝(섞은 후 소금물의 양)

196

(A비커 농도)+(B비커 농도)=(섞은 후 농도)라는 등식은 성립하지 않는다.

풀이 계획 짜기   조건 찾아 넣기   상황을 우선 표로 정리한 다음 그 표에 나타난 조건들을 이용하여 '소금'이나 '소금물'을 기준으로 등식을 세운다. 기본 문제보다는 표가 조금 길어진다.
일단 문제에서 직접적으로 준 정보를 표에 적는다.

	주어진 소금물	혼합한 소금물	혼합된 소금물
소금의 양			
소금물의 양	300	100	
농도	6	x	8

이제 나머지 빈칸을 간접적인 정보를 통해 채워야 한다. 표의 가로를 보면 소금물 두 개를 합친 것은 그대로 400이 된다. 하지만 농도는 $6+x=8$이 성립하지 않는다. 역시 농도는 등식의 기준이 될 수 없다.

	주어진 소금물	혼합한 소금물	혼합된 소금물
소금의 양			
소금물의 양	300	100	400
농도	6	x	8

소금에 대한 정보는 문제에 직접적으로 나와 있는 것이 하나도 없다.
이번에는 세로로 칸을 채워 보자.
농도 공식의 3요소 중에서 두 개를 알면 나머지 하나를 알 수 있으니까 그 점을 이용한다.

(소금의 양)＝(소금물의 양)×$\dfrac{(농도)}{100}$이므로 소금의 양을 구할 수 있다.

	주어진 소금물	혼합한 소금물	혼합된 소금물
소금의 양	$300 \times \dfrac{6}{100}$	$100 \times \dfrac{x}{100}$	$400 \times \dfrac{8}{100}$
소금물의 양	300	100	400
농도	6	x	8

자, 이제 다시 가로로 눈을 돌려 등식의 기준을 찾자. 소금이나 소금물 모두 등식의 기준이 되므로 기준이 한눈에 들어올 것이다.

$$(300 \times \frac{6}{100}) + (100 \times \frac{x}{100}) = 400 \times \frac{8}{100}$$

수식 계산하기

$$(300 \times \frac{6}{100}) + (100 \times \frac{x}{100}) = 400 \times \frac{8}{100}$$

모든 항마다 약분을 먼저 한다.

$$(3 \times 6) + (1 \times x) = 4 \times 8$$

$$18 + x = 32$$

$$x = 14$$

정답 표현하기 　　혼합한 소금물의 농도는 14%이다.

198

3 5%의 설탕물 400 g과 x%의 설탕물 600 g을 섞어 8%의 설탕물이 되었다. x를 구하시오.

4 한 가지 소금물에서 두 가지 변화 주기

문제
난이도 ★★★

6%의 소금물 400g이 있다. 여기에 물 200g을 더 넣은 후에 몇 g의 소금을 더 넣으면 10%의 소금물이 되는지 구하시오.

읽고 표시하기

6%의 소금물 400g // 이 있다. 여기에 물 200g을 더 넣은 후 / 에 몇 g 의 소금을 더 넣으면 10%의 소금물 / 이 되는지 구하시오.

문제 이해하기　　　일단 소금물은 한 가지뿐이다. 다른 소금물과 혼합하지는 않는다는 말이다. 그런데 이 소금물에 물과 소금을 더 넣어 농도를 바꾸었다고 한다. 상황은 두 가지 요소가 바뀌었지만 그렇다고 문제를 푸는 방법을 크게 바꿀 필요는 없다. 표를 만들어서 문제에 나타난 정보를 잘 채우기만 하면 등식을 세울 수 있는 유형이다.
변화를 주기 전의 소금물과 변화를 주고 난 후의 소금물이라는 관점에서 보면 역시 두 가지 소금물을 비교하는 상황으로 볼 수 있다.

소금물은 소금과 물로 만들어지기 때문에 변화된 소금물은 늘어난 소금의 양과 물의 양을 모두 더해 줘야 정확한 양을 구할 수 있다는 사실에 유의해야 한다.

풀이계획 짜기 조건찾아 넣기　　　　일단 구하고자 하는 더 넣을 소금의 양을 x로 두자. 그리고 표에 알고 있는 정보를 차근차근 채운다.

	주어진 소금물	변화된 소금물
소금의 양	?	$?+x$
소금물의 양	400	$400+200+x$
농도	6	10

물음표가 있는 빈칸은 이미 알고 있는 소금의 양을 구하는 공식인

$(\text{소금의 양})=(\text{소금물의 양})\times\dfrac{\text{농도}}{100}$ 를 이용해 채워 넣을 수 있다.

	주어진 소금물	변화된 소금물
소금의 양	$400\times\dfrac{6}{100}$	$\left(400\times\dfrac{6}{100}\right)+x$
소금물의 양	400	$400+200+x$
농도	6	10

표를 완성하였으면 등식은 무엇으로 만들어야 할까?

처음과 나중에서 변하지 않은 것이 있는지 살펴본다. 안타깝게도 소금과 물을 모두 변화시켰기 때문에 이전 문제처럼 변하지 않은 것을 기준으로 등식을 세울 수 없다.

그렇다고 포기하면 안 된다. 살짝 눈을 돌리면 해결 방법이 보인다. 표 안의 변화된 소금물에서 세로로 나열되어 있는 요소들 말이다. 이 요소들을 가지고 세울 수 있는 식이 있는데 바로 소금의 양을 구하는 공식을 이용하는 것이다.

소금의 양을 구하는 농도 공식에 대입하여

$$(400 \times \frac{6}{100}) + x = (400 + 200 + x) \times \frac{10}{100}$$

과 같은 방정식을 얻을 수 있다.

수식 계산하기

$$(400 \times \frac{6}{100}) + x = (600 + x) \times \frac{10}{100}$$

$$24 + x = (600 + x) \times \frac{1}{10}$$

$$240 + 10x = 600 + x$$

$$9x = 360$$

$$x = 40$$

정답 표현하기   미지수는 더 넣은 소금의 양으로 정했으므로 정답은 40g의 소금이다.

4 10%의 설탕물 300 g이 있다. 여기에 50 g의 물을 증발시킨 후 몇 g의 설탕을 더 넣으면 20%의 설탕물이 되는지 구하시오.

5 소금물의 소금과 물의 양을 변화시킨 다음 다른 소금물과 섞기

문제
난이도 ★★★★

10%의 소금물 400g에서 xg의 소금물을 퍼내고 퍼낸 만큼의 물을 부은 다음, 다시 2%의 소금물 120g을 넣었더니 3%의 소금물 520g이 되었다. x를 구하시오.

읽고 표시하기

10%의 소금물 400g / 에서 xg의 소금물을 퍼내고 / 퍼낸 만큼의 물을 부은 다음, // 다시 2%의 소금물 120g // 을 넣었더니 3%의 소금물 520g / 이 되었다. x를 구하시오.

문제 이해하기　　　소금물 소재와 관련한 모든 상황을 한꺼번에 엮어 놓은 문제이다. 복잡해서 한숨이 나올 지경이지만 그럴수록 정신을 바짝 차리고 일단 문제를 끊어서 찬찬히 살펴볼 필요가 있다. 위에서 문제의 정보를 파악하기 위해 줄을 그으면서 읽긴 했지만 일어날 수 있는 상황에 번호를 붙여 가면서 다시 읽어 보자.

10%의 소금물 400g에서(①) / xg의 소금물을 퍼내고(②) / 퍼낸 만큼의 물을 부은 다음,(③) // 다시 2%의 소금물 120g을 넣었더니(④) / 3%의 소금물 520g이 되었다.(⑤) / x를 구하여라.

보다시피 5가지 상황이다. 잘 읽어 보면 처음 ①과 ②의 상황은 ③의 상황이 되기 위한 과정을 서술한 것임을 알 수 있다. 결국 이 문제는 ①~③으로 만들어진 소금물에 2%의 소금물을 섞어 3%의 소금물을 만든 것으로 해석할 수 있다.

풀이 계획 짜기 **조건 찾아 넣기**　　　5가지 상황을 표로 정리해 보자.

	①⇨	②⇨	③	④	⑤
소금의 양					
소금물의 양	400	$400-x$	$(400-x)+x$	120	520
농도	10			2	3

주어진 직접적인 정보로는 일단 이런 정도로 채워 넣을 수 있다.

잊지 말아야 할 것은 ③+④=⑤의 구조라는 것이다.

등식을 무엇으로 세울지 당장 생각이 나지 않더라도 농도 공식을 이용하여 채울 수 있는 빈칸은 최대한 채워 나가자.

이때 명심할 것이 두 가지 있다.

① → ② : 소금물을 덜어냈기 때문에 소금의 양과 소금물의 양은 모두 변하지만 농도는 변하지 않는다.

205

②→③ : 물을 더 넣었기 때문에 소금물의 양과 농도는 변하지만 소금의 양은 변하지 않는다.

③+④=⑤라는 것을 생각하고 '소금의 양'이나 '소금물의 양'을 기준으로 등식을 세울 수 있다.

	① ⇨	② ⇨	③	④	⑤
소금의 양	$400 \times \dfrac{10}{100}$	$(400-x) \times \dfrac{10}{100}$	$(400-x) \times \dfrac{10}{100}$	$120 \times \dfrac{2}{100}$	$520 \times \dfrac{3}{100}$
소금물의 양	400	$400-x$	$(400-x)+x$	120	520
농도	10	10 (소금물을 덜어낸 거니까 농도는 변함이 없음)		2	3

이 경우에는 소금물의 양으로 등식을 세우면 x가 사라져서 아무 의미가 없어지니까 소금의 양으로 등식을 세운다.

$$(③의 소금의 양) + (④의 소금의 양) = (⑤의 소금의 양)$$

$$(400-x) \times \frac{10}{100} + 120 \times \frac{2}{100} = 520 \times \frac{3}{100}$$

수식 계산하기

$$(400-x) \times \frac{10}{100} + 120 \times \frac{2}{100} = 520 \times \frac{3}{100}$$

각 항에 100을 곱해 부담스러운 분모의 100을 제거하자.

$$(400-x) \times \frac{10}{100} \times 100 + 120 \times \frac{2}{100} \times 100 = 520 \times \frac{3}{100} \times 100$$

$$(400-x) \times 10 + 120 \times 2 = 520 \times 3$$

각 항마다 10을 나누어 간단한 식으로 만들자.

$400 - x + 24 = 156$

$x = 400 + 24 - 156$

$x = 268$

정답 표현하기   퍼낸 소금물의 양은 268g이다.

하나! 소금물에 물을 더 넣거나
소금물에서 물을 증발시키면
소금의 양은 변함이 없어!

둘! 소금물에 소금을 더 넣거나
농도가 다른 두 소금물을 섞으면
(소금의 양)+(소금의 양)
=(섞은 후의 소금의 양)이야.

어~ 음료수다!

풋~

악! 이거 뭐야!
왜 이렇게 짠 거야!!!

207

5 12%의 설탕물 300 g에서 x g의 설탕물을 퍼내고 퍼낸 만큼의 물을 부은 다음, 다시 6%의 설탕물을 섞어 8%의 설탕물 450 g이 되게 하였다. x를 구하시오.

6 10%의 설탕물 200g이 들어 있는 그릇에서 한 컵의 설탕물을 퍼내고 난 후 떠낸 무게만큼 물을 부었다. 여기에 4%의 설탕물을 다시 부었더니 6%의 설탕물 300g이 되었다. 컵으로 떠낸 설탕물의 양을 구하시오.

11
그 외 주제의
방정식

시험에 자주 출제되는 난이도 높은 방정식 단원의 문제 유형이다.
아무리 낯선 문제라도 단순하게 바꾸면 쉽게 접근할 수 있다.
각 유형별 문제 형식은 일정하므로 각각의 문제 풀이를 정확히 이해해야 한다.

처음 보는 문제는 쉬운 상황으로 바꾸어라

충분히 풀어서 익숙해진 문제는 이미 문제를 이해하는 단계는 넘어섰기 때문에 조건을 찾아서 식을 바로 세울 수 있다. 하지만 처음 보는 문제를 접하면 당황하기 쉽다. 게다가 그 문제가 난이도가 높다면 더욱 어렵게 느껴진다. 이런 경우에는 줄거리는 그대로 둔 채 숫자만 더 단순하게 바꾸어라. 그렇게만 해도 문제가 훨씬 쉽게 느껴질 것이다. 적어도 어떤 것을 기준으로 식을 세워야 하는지 감이 잡힐 것이다.

또 막연한 상황은 구체적인 상황으로 만들어 봐라.

예를 들어 '민지 혼자서 하면 20일 걸리는 일'이라고 했으면 어떤 일인지 구체적으로 상상하여 '종이학 100개를 민지가 하루에 5개씩 접은 상황'으로 만들면 이해하기 훨씬 쉬워진다.

낯선 문제가 튀어나오면 나에게 익숙한 상황으로 만들어 보는 재치를 적극 발휘하도록 하자.

문장제의 유형 소개

첫 번째는 '역사 속의 방정식 문제'이다. 요즘 표현이 아닌 문장으로 인해 문장 이해가 어렵고 조건의 나열이 장황하고 긴 편이다. 필요없는 수식어들을 제거하고 필요한 조건만 추려내어 방정식만 세운다면 풀이는 비교적 쉽다. 게다가 역사 속 문제는 그 문제 그대로 나오기 쉬우니 각각의 문제를 푸는 경험을 거치는 것이 최고의 전략이다.

두 번째는 '전교의 남녀 학생 수 문제'이다. 작년과 금년의 남학생 수, 여학생 수의 변화를 설명해 주고 금년의 여학생 수를 묻는 형식이다. 표를 이용하여 주어진 조건을 잘 정리해서 풀어라.

세 번째는 '일 문제'이다. 위에서 예를 들었듯이 구체적인 일의 종류가 언급되어 있지 않고 조건만을 설명하고 있기 때문에 두루뭉술한 느낌이 든다. 우선 상황을 구체적으로 생각하여 이해한 다음, 하루에 한 사람이 완성하는 일의 양을 기준으로 문제를 풀어라.

마지막으로 '물통에 물을 채우는 문제'이다. 굵기가 서로 다른 호스를 주고 물통에 물을 채우는 데 걸리는 시간에 대해 묻는 문제이다. 일 문제와 흡사한 구조를 가지고 있는데 역시 단위 시간당 각 호스에 흐르는 물의 양을 구하는 것이 핵심이다.

공략 비법–일 문제에서 일의 종류는 알 필요가 없다

일 문제에서 왜 일의 종류는 구체적으로 제시되지 않는 걸까?

일이라는 막연한 표현을 썼을 뿐, 벽돌을 쌓는 일인지 물건을 나르는 일인지 일의 종류가 제시되지 않기 때문에 문제를 바라보는 눈도 같이 막연해진다.

그런데 뒤집어 생각해 보면 문제에서 무슨 일인지 안 가르쳐 주었다는 것은 알 필요가 없기 때문이다. 주어진 조건만 가지고도 문제를 풀 수 있다는 것이다. 그러니 구체적인 상황 파악을 위해 일의 종류를 마음대로 정해서 풀어도 아무 상관 없다.

1 역사 속의 방정식 문제

문제
난이도 ★★★

'그리스의 명시선집(Greek Anthology)'에는 고대 그리스의 수학자 디오판토스의 나이에 대한 기록이 있다. 이 기록에서 디오판토스의 사망했을 당시의 나이를 구하시오.

보라! 신의 축복으로 태어난 그는 일생의 $\frac{1}{6}$을 소년으로 보냈다. 그리고 일생의 $\frac{1}{12}$이 지난 뒤에 얼굴에 수염이 자라기 시작했다. 다시 일생의 $\frac{1}{7}$이 지나서 결혼하여 결혼한 지 5년 만에 귀한 아들을 얻었도다. 아! 그러나 그의 가엾은 아들은 아버지의 일생의 반밖에 살지 못했다. 아들을 먼저 보내고 깊은 슬픔에 빠진 그는 4년 뒤 일생을 마쳤노라.

읽고 표시하기

보라! 신의 축복으로 태어난 그는 일생의 $\frac{1}{6}$을 / 소년으로 보냈다. / 그리고 일생의 $\frac{1}{12}$이 지난 뒤에 / 얼굴에 수염이 자라기 시작했다. / 다시 일생의 $\frac{1}{7}$이 지나서 / 결혼하여 결혼한 지 5년 만에 / 귀한 아들을 얻었도다. / 아! 그러나 그의 가엾은 아들은 아버지의 일생의 반밖에 살지 못했다. / 아들을 먼저 보내고 깊은 슬픔에 빠진 그는 4년 뒤 / 일생을 마쳤노라.

기록은 결국 디오판토스의 일생을 나타낸 것이다. 쓸데없는 수식어는 제거를 하고 각 부분의 기간을 모두 더하면 결국 디오판토스의 나이와 같게 됨을 이용하여 등식을 세우면 된다.

즉, (소년시절)+(청년시절)+(결혼 전 시절)+(결혼 후~득남 시절)+(아들과 보낸 시절)+(아들을 잃고 보낸 시절)=(일생)이 된다.

디오판토스의 사망 당시 나이를 미지수 x(세)라고 하자.

- 소년시절: $\frac{1}{6}x$년
- 청년시절: $\frac{1}{12}x$년
- 결혼 전 시절: $\frac{1}{7}x$년
- 결혼 후~득남 시절: 5년
- 아들과 보낸 시절: $\frac{1}{2}x$년
- 아들을 잃고 보낸 시절: 4년

즉, $\frac{1}{6}x+\frac{1}{12}x+\frac{1}{7}x+5+\frac{1}{2}x+4=x$라는 등식이 세워진다.

$$\frac{1}{6}x+\frac{1}{12}x+\frac{1}{7}x+5+\frac{1}{2}x+4=x$$

$$\frac{1}{6}x+\frac{1}{12}x+\frac{1}{7}x+\frac{1}{2}x+9=x$$

6, 12, 7, 2의 최소공배수인 84를 양변에 곱하면

$$14x+7x+12x+42x+9\times84=84x$$

$$84x - 75x = 9 \times 84$$
$$9x = 9 \times 84$$
$$x = 84$$

정답 표현하기 디오판토스의 사망했을 당시의 나이는 84세이다.
사실 이 문제는 디오판토스의 나이를 바꿀 수는 없기 때문에 84세를
외워서 답하는 경우도 있다. 하지만 기록의 형식만을 빌려서 다른 사
람의 나이로 바꾸어 문제가 제시될 수도 있으니 문제와 답을 외우기보
다는 풀이 과정을 익히는 것이 중요하다.

1 다음은 이집트의 왕실 기록원인 아메스(Ahmes, B.C.1680년경 ~B.C.1620년경)가 린드 파피루스에 기록한 문제이다. 문제 속의 '아하'의 값을 구하시오.

> 아하와 아하의 $\frac{1}{7}$의 합은 19이다.

2 다음은 인도의 수학자 바스카라(Bhaskara, 1114~1185년경)가 쓴 책 "릴라바티"에 실린 내용의 일부이다. 처음에 있었던 참새의 수를 구하시오.

> 선녀같이 아름다운 눈동자의 아가씨여!
> 참새 몇 마리가 들판에서 놀고 있는데
> 두 마리가 더 날아왔어요.
> 그리고 저 푸른 숲에서 전체의 다섯 배가 되는
> 귀여운 참새 떼가 날아와서 함께 놀았어요.
> 저녁노을이 질 무렵, 열 마리의 참새가 숲으로 돌아가고,
> 남은 참새 스무 마리는 밀밭으로 숨었대요.
> 처음에 참새는 몇 마리였는지 내게 말해 주세요.

2 | 전교 남녀 학생 수 알아내기

문제
난이도 ★★★★

문장중학교의 금년 남학생과 여학생 수를 작년과 비교하면 남학생은 6% 감소
하고 여학생은 8% 증가했다. 그 결과 작년의 전체 학생 수가 850명이었던 것
에 비해 금년은 작년보다 19명이 늘었다고 한다. 금년의 여학생 수를 구하시오.

읽고 표시하기

문장중학교의 금년 남학생과 여학생 수 / 를 작년과 비교하면 / 남학
생은 6% 감소 / 하고 여학생은 8% 증가 // 했다. 그 결과 작년의 전체
학생 수가 850명 / 이었던 것에 비해 금년은 작년보다 19명이 늘었
다 / 고 한다. <u>금년의 여학생 수를 구하시오.</u>

문제 이해하기　　　성별은 남자와 여자뿐이다. 따라서 남학생과 여학생
의 인원을 더하면 전체 인원이 된다는 것은 당연하면서도 가장 중요한
핵심이다. 만약 전체 학생 수가 1000명인데 그중 600명이 남학생이라
면 여학생 수는 저절로 400명이 되는 셈이다.
또 작년과 금년의 두 인원을 비교하는 상황이므로 정보를 다음과 같이

표로 정리하며 풀자. 일단 문제에 나온 정보와 숨겨진 정보를 표에 채워 넣은 다음 가로줄과 세로줄의 관계를 잘 따져 식을 세운다.

	작 년	금 년
남학생 수		
여학생 수		
전체 학생 수		

잊지 말아야 할 것은 세로줄의 관계인데,

각 해마다 (남학생 수)+(여학생 수)=(전체 학생 수)가 된다.

먼저 주어진 정보를 표에 채워 보자.

	작 년	금 년
남학생 수		(6% 감소)
여학생 수		(8% 증가)
전체 학생 수	850	850+19

이 상태로는 등식을 세우기가 곤란하니 미지수를 정한다.

작년의 남학생 수를 미지수 x로 두자. 그러면 작년의 여학생 수는 전체 학생 수인 850에서 x를 뺀 $850-x$가 된다. 다시 표를 채워 보자.

	작 년	금 년
남학생 수	x ⇨	$x - \dfrac{6}{100}x = \dfrac{94}{100}x$
여학생 수	$850-x$ ⇨	$(850-x) + \dfrac{8}{100}(850-x) = \dfrac{108}{100}(850-x)$
전체 학생 수	850	$850+19=869$

표를 완성하고 보니 결국 금년의 남학생 수와 여학생 수를 더하여 869 명이 되는 등식을 세우는 일만 남는다.

혹시 작년을 기준으로 등식을 세우려 했다면 $x+(850-x)=850$이 되어 미지수가 사라져 버리고 만다. 낭패이다. 그러니 금년을 기준으로 (남학생 수)+(여학생 수)=(전체 학생 수)의 등식을 세우는 것이 적절하다.

$$\frac{94}{100}x+\frac{108}{100}(850-x)=869$$

섣불리 약분하기보다는 양변에 100을 곱하는 작전을 쓰는 게 좋다.

$94x+108(850-x)=86900$

$94x+91800-108x=86900$

$91800-86900=14x$

$14x=4900$

$x=350$

이제 정답을 쓸 차례이다. 꽤 복잡한 방정식을 푼 기쁨에 들떠서 대뜸 350명이라고 쓰면 곤란하다. 지금까지 풀어 본 방정식 문장제에서는 대부분 묻고 있는 것을 미지수로 두었지만 이 경우에는 작년 남학생 수를 미지수로 설정했다는 것을 기억해야 한다. 하지만 문제에서 묻고 있는 것은 금년 여학생 수이다.

다시 표로 돌아가서 금년 여학생 수가 어떻게 표현되어 있는지 살펴보자.

$\dfrac{108}{100}(850-x)$이다.

그렇다면 x에 350을 대입해서 정확한 답을 구해야 한다.

$$\dfrac{108}{100}(850-350)=\dfrac{108}{100}\times 500=540$$

따라서 금년 여학생 수는 540명이다.

작년 학생 수를 적어서
틀리는 친구들이 많아.
꼭 올해 학생 수로
고쳐서 답해야 해.
대부분의 문제가
올해 학생 수를 물어.
실수하지 마!

나 같은 수학 천재는
그런 실수를 안 하지. 흠~

3 미소중학교는 작년에 비해 올해 남학생 수가 8% 증가하고, 여학생 수는 10% 감소했다고 한다. 작년 전교생 수가 820명이고 올해의 전교생 수가 작년에 비해 10명이 줄었다고 한다면 올해 남학생 수는 얼마인지 구하시오.

3 | 여러 사람이 함께 일 완성하기

문제
난이도 ★★★★

어떤 일을 완성하는 데 민지 혼자서 하면 20일, 준현이 혼자서 하면 30일이 걸린다고 한다. 이 일을 민지 혼자서 5일 동안 한 후 민지와 준현이가 함께 이 일을 완성하였다. 이 일을 완성하는 데 며칠이 걸리는지 구하시오.

어떤 일을 완성하는 데 민지 혼자서 하면 20일, / 준현이 혼자서 하면 30일 // 이 걸린다고 한다. 이 일을 민지 혼자서 5일 동안 / 한 후 민지와 준현이가 함께 / 이 일을 완성하였다. 이 일을 완성하는 데 <u>며칠이 걸리는지</u> 구하시오.

문제 이해하기 이 유형의 문제에서는 각자가 '하루 동안에 얼마의 일을 할 수 있는가'를 일단 계산하는 것이 최우선 전략이다. 그래야 며칠을 일했다고 하면 지금 구한 것에 그날 수를 곱해서 일한 양을 계산할 수 있기 때문이다.

내 맘대로 일을 하나 정해 보자. 종이학 100마리를 접는 것도 좋고 하나의 벽을 칠하는 것이라고 해도 좋다. 또 일이 완성되는 것을 100%라고 생각해도 좋고 1이라고 생각해도 상관없다.

종이학 100개를 접는다고 가정하자.

민지는 하루에 종이학을 20개 접는다. 그러면 민지 혼자서 학을 100개 접으려면 $\frac{100}{20}=5$(일) 걸린다.

정보의 순서를 약간 바꾸어서 준현이가 종이학 100개를 접는 데 4일이 걸렸다면 준현이는 하루에 몇 개를 접었을까? 그것도 마찬가지로 나눗셈을 이용하면 $\frac{100}{4}=25$(개)이다.

따라서 (하루 동안 한 일의 양)$=\dfrac{100}{(걸린\ 날\ 수)}$이다.

만약 종이학 100개가 아니라 벽 하나를 페인트칠하는 일이라면 100을 1로 바꾸어 생각하면 된다. 즉, (하루 동안 한 일의 양)$=\dfrac{1}{(걸린\ 날\ 수)}$ 이다. 2일이 걸렸다면 하루에는 $\frac{1}{2}$, 즉 반만큼 칠한 것일 테니 말이다.

풀이 계획 짜기　　두 사람이 한 일의 양을 모두 합해 결국 100이라는 일을 완성해야 한다. 따라서 (민지가 5일간 한 일의 양)+(민지와 준현이가 함께 한 일의 양)=100이라는 식을 세울 수 있다.

두 사람이 며칠 동안 한 일의 양을 구하려면 먼저 '하루 동안 각자가 할 수 있는 일의 양'을 먼저 계산해야 한다. 그 후, (민지가 하루에 한 일의 양)×5+(민지와 준현이가 남은 날 동안 한 일의 양)=100의 방정식을 만들면 된다.

조건 찾아 넣기　　민지와 준현이가 함께 한 날을 미지수 x로 정하면 (민지가 하루에 한 일의 양)×5+(민지와 준현이가 남은 날 동안 한 일

의 양)=100이고,

(민지가 하루에 한 일의 양)=$\frac{100}{20}$,

(준현이가 하루에 한 일의 양)=$\frac{100}{30}$이므로,

$\frac{100}{20}\times 5+(\frac{100}{20}\times x+\frac{100}{30}\times x)=100$이다.

여기서 아주 중요한 걸 발견할 수 있다. 모든 항에 100이 있다는 점이다. 그러니까 일의 양을 100으로 하든 1000으로 하든 어차피 식 안에서 각 항을 그 수로 나누어 흔적을 말끔히 없애 버릴 수 있다.

그러므로 일을 100으로 놓기보다는 간단하게 1로 놓으면 나중에 각 항을 100으로 나누는 과정은 살짝 건너뛸 수 있게 된다.

$$\frac{1}{20}\times 5+(\frac{1}{20}\times x+\frac{1}{30}\times x)=1$$

수식 계산하기

$\frac{1}{20}\times 5+(\frac{1}{20}\times x+\frac{1}{30}\times x)=1$

$3\times 5+3x+2x=60$

$5x=45$

$x=9$

정답 표현하기　　민지와 준현이가 함께 일한 날 수를 미지수로 잡았기 때문에 민지 혼자서 일한 5일을 마저 더해야 일을 모두 완성하는 데 걸린 날 수가 바르게 계산된다.

따라서 정답은 9+5=14(일)이다.

4 어떤 일을 혼자 완성하는 데 상민이는 24일, 효선이는 32일이 걸린다고 한다. 효선이가 12일 동안 일한 후 상민이가 계속해서 일을 하여 일을 완성하였다면 상민이는 며칠 동안 일했는지 구하시오.

4 | 물통에 물 가득 채우기

문제
난이도 ★★★★

어떤 물통에 물을 가득 채우는 데 A호스로는 3시간, B호스로는 4시간이 걸리며 또 가득 찬 물을 C호스로 빼내는 데는 6시간이 걸린다고 한다. A, B호스로 물을 넣으면서 동시에 C호스로 물을 뺀다면 이 물통에 물을 가득 채우는 데는 몇 시간이 걸릴지 구하시오.

읽고 표시하기

어떤 물통에 물을 가득 채우는 데 A호스로는 3시간, / B호스로는 4시간 / 이 걸리며 또 가득 찬 물을 C호스로 빼내는 데는 6시간 / 이 걸린다고 한다. A, B호스로 물을 넣으면서 동시에 C호스로 물을 뺀다면 / 이 물통에 물을 가득 채우는 데는 몇 시간이 걸릴지 구하시오.

문제 이해하기　　문제를 읽다 보면 마치 밑 빠진 독에 물 붓는 콩쥐가 된 듯한 기분이 들 것이다. 그냥 물을 넣으면 되지 C호스로 물은 왜 빼느냐고 투덜대는 소리가 여기저기서 들리는 것 같다. 하지만 우리는 문제를 만드는 사람이 아니라 푸는 입장이기 때문에 주어진 상황에 충실해야 한다는 걸 잊지 말자.

일단 호스마다 물통에 물을 채우거나 빼내는 데 걸리는 시간이 다르다는 건 호스의 굵기가 다르다고 보면 된다. 호스에 다른 장치가 없다면 말이다. 즉 A호스가 걸리는 시간이 제일 짧다는 건 제일 굵어서 물이 많이 빠질 수 있다는 뜻이다. 두 배의 시간이 걸리는 C호스는 A호스에 비하면 아주 가늘 것이다.

어쨌든 C호스가 가늘어서 물 빠지는 속도가 느린 덕분에 결국 물통을 채울 수 있다는 결론이다. 만약 C호스가 엄청 굵다면 채우는 양보다 빼내는 양이 많아서 결국 물통을 채울 수 없게 된다.

풀이 계획 짜기　　이 문제는 일 문제와 흡사한 부분이 있다. 물통을 가득 채운다고만 했지, 그 물통의 용량은 말하지 않았기 때문이다. 그렇다면 이 문제에서도 물통의 용량은 상관이 없다는 말이다. 다시 말해 일 문제에서와 마찬가지로 다 채워진 양을 1로 놓을 수 있다. 물통에 물을 가득 채우는 데 걸리는 시간을 x로 두면,

(x시간 동안 A호스로 채운 물의 양)+(x시간 동안 B호스로 채운 물의 양)-(x시간 동안 C호스로 빠져나간 물의 양)=1이 성립한다.

조건 찾아 넣기　　우선 1시간 동안 각 호스가 옮긴 물의 양을 구해야 문제의 식을 제대로 세울 수 있다. A호스는 3시간에 걸쳐 1이라는 물통을 다 채울 수 있으니까 1시간 동안 채운 양은 $\frac{1}{3}$이다. B호스와 C호스도 마찬가지 방법으로 구한다.

A호스가 1시간 동안 옮긴 물의 양 : $\frac{1}{3}$

B호스가 1시간 동안 옮긴 물의 양 : $\frac{1}{4}$

C호스가 1시간 동안 옮긴 물의 양 : $\frac{1}{6}$

이제 그 양에 시간만 곱해 주면 각 호스가 옮긴 물의 양을 식에 넣을 수 있다.

$$\frac{1}{3}x + \frac{1}{4}x - \frac{1}{6}x = 1$$

수식 계산하기

$$\frac{1}{3}x + \frac{1}{4}x - \frac{1}{6}x = 1$$

$$4x + 3x - 2x = 12$$

$$5x = 12$$

$$x = \frac{12}{5}$$

정답 표현하기 정답은 $\frac{12}{5}$ 시간이다. 하지만 시간을 분수로 표현하기에는 적절하지 않아 보인다. 나누기하면 일단 몫이 2이고 $\frac{2}{5} \times 60 = 24$가 나오므로 2시간 24분으로 표현하는 것이 좋다.

5 어떤 물통에 물을 가득 채우는 데 A호스로는 1시간, B호스로는 2시간이 걸리고, 가득 찬 물을 C호스로 빼내는 데는 4시간이 걸린다고 한다. A, B호스로 물을 넣는 것과 동시에 C호스로는 물을 뺀다면 이 물통에 물을 가득 채우는 데 걸리는 시간은 얼마인지 구하시오.

6 어떤 물통에 물을 가득 채우는 데 A호스로는 12분이 걸리고 B호스로는 18분이 걸린다. 처음에 A호스만으로 얼마간 물을 넣다가 B호스만으로 물을 넣을 때는 A호스만으로 넣은 시간보다 8분을 더 넣었더니 물통이 가득 찼다. 물을 가득 채우는 데 걸린 시간은 총 몇 분인지 구하시오.

중학교와 고등학교를 통틀어 방정식과 함수를 빼고서는 수학을 이야기할 수 없다. 그런데 방정식과 함수는 어떻게 다르냐고 질문을 던지면 대부분의 학생들이 겨우 대답하는 것이 '$2x+4=0$'과 같이 표현되는 식은 방정식이고 '$y=\sim$'으로 표현되는 식은 함수라는 것이다. 과연 이 말이 맞을까? 결론적으로 말하자면 틀렸다!

흔히 교과서에서 제시되는 식의 모양 때문에 오해하는 부분이다. 식을 표현하는 방법으로 방정식과 함수가 구별되는 것은 아니다. 이건 마치 같은 한 사람을 두고 누구의 엄마로 볼 것이냐, 누구의 아내로 볼 것이냐를 따지는 것과 같다. 그 사람이 결혼을 하고 자식이 있다면 동시에 누구의 엄마이자, 누구의 아내가 될 수 있다. 결혼은 했지만 자식이 없다면 누구의 아내는 되겠지만 누구의 엄마는 아닌 게 되는 것처럼 조건에 따라 판단하는 것이지 그 사람의 겉모습만 보고 판단할 수는 없다.

그렇다면 방정식과 함수는 무엇으로 판단할 수 있을까? 함수는 중2부터 배우긴 하지만 미리 방정식과 함수의 뜻을 한번 비교해 보자.

- 방정식 : x(미지수)의 값에 따라 참이 되기도 하고, 거짓이 되기도 하는 등식
- 함수 : x의 값이 하나 정해지면 그에 따라 y의 값이 오직 하나씩 대응될 때,
  y는 x의 함수

위의 내용만 만족하면 방정식 또는 함수로 각각 부를 수 있다.

등식 $2x+4=0$은 방정식일까, 함수일까?

미지수 x를 가지고 있고 등식이며 x가 -2일 때만 만족하므로 방정식이 맞다. 하지만 함수가 될 수는 없다. 왜냐하면 x의 값에 대해 y가 오직 하나씩 정해지지 않기 때문이다.

등식 $2x+4y=0$은 방정식일까 함수일까?

미지수 x와 y가 있고 $x=-2$, $y=1$일 때는 만족하지만 $x=-2$, $y=2$일 때 등은 만족하지 않고 등식이므로 방정식이 맞다. 그리고 x에 값을 넣을 때마다 꼭 하나씩 y의 값이 정해지기 때문에 함수도 맞다.

x에 값을 넣고 y의 값을 찾아내기 편하게 식을 정리해서 $2x+4y=0$이라는 식을 $y=\dfrac{1}{2}x$로 자주 표현한다.

같은 식이지만 y의 값을 얻어내기 편리하기 때문이다. 물론 그래프를 그리는 데도 큰 도움이 된다.

이런 함수는 x와 y의 관계에 따라 여러 가지 이름을 붙여 부르는데, 1학년 때 배우는 정비례 관계($y=ax$), 반비례 관계($y=\dfrac{x}{a}$)는 2학년에서 정비례 함수, 반비례 함수로 각각 부르게 된다.

12
정비례 관계

정비례 관계 문제는 문제를 읽고 반비례 관계 문제와 구별할 수 있어야 한다.
이는 그래프가 원점(0, 0)을 지나는지 확인하면 판단하기 쉽다.

정비례한다는 것의 의미

1학년 과정에서는 가장 간단한 두 관계를 배운다. 그중 하나가 바로 정비례 관계($y = ax$)이다.

'x와 y는 정비례한다.'는 말은 'x가 커질 때 y도 같은 정도로 커진다.'는 의미로 받아들일 때가 많다. '출산율과 가족수당', '수익률과 투자위험'과 같은 것이 그 예이다. 그런데 수학에서 말하는 정비례의 의미는 그것과 차이가 있다. 수학에서는 x가 커질 때 y가 오히려 작아질 때도 있다. 두 변수 x, y에 대하여 x의 값이 2배, 3배, 4배, …로 변함에 따라 y의 값도 2배, 3배, 4배, …로 변할 때, y는 x에 정비례한다고 하기 때문에 만약 a의 값이 음수가 되면 오히려 y의 값이 작아지게 된다.

문장제 유형 소개

정비례 관계는 $y = ax$라는 관계식을 가진다. 즉 x의 값이 2배, 3배가 되면 y의 값도 똑같이 2배, 3배가 되는 관계를 가진다는 의미이다. 가장 공감할 만한 예를 든다면 우리 손에서 항상 떠나지 않는 핸드폰 요금을 들 수 있다. 아무 혜택 없이 그저 사용 시간 1분에 20원씩 요금을 부과한다는 조건이라면, 사용 시간이 2분이면 요금도 20원의 2배인 40원이 되고, 3분이면 20원의 3배인 60원이 요금으로 부과된다. 이런 관계가 바로 정비례 관계이다. 그런데 현실적으로는 무조건 사용 시간에 단위요금을 곱하여 요금을 책정하지는 않는다.

정비례 관계의 가장 전형적인 예는 '자동차의 휘발유 값'을 들 수 있다. 무조건 '리터당 2000원씩'과 같은 형태로 가격이 매겨지기 때문이다. 그 밖에 과학 실험실에서 볼 수 있는 용수철 늘이기, 또는 양초 태우기가 정비례 관계의 문장제 유형이 되겠다.

공략 비법–정비례 관계의 그래프는 원점$(0,0)$을 지난다

정비례 관계 문제를 풀기 위해서는 정비례 관계인지 반비례 관계인지 구분할 수 있어야 한다.

두 관계가 구별되는 가장 큰 특징은 정비례 관계의 그래프는 원점$(0, 0)$을 지나는 직선 그래프이지만 반비례 관계의 그래프는 절대 원점을 지나지 않는 쌍곡선 그래프라는 점이다. 문제에서 두 가지 변수인 x와 y를 정했다면 정비례 관계인지 아닌지는 원점$(0, 0)$을 지나가는지 확인하면 알 수 있다.

예를 들어 '한 장에 170원 하는 우표 y장을 x원에 샀다.'라고 한다면 0장인 경우엔 0원이 들었다고 생각할 수 있다. 이것은 정비례 관계임을 판단하는 데 상당한 도움이 된다.

물론 정비례 관계는 주요 개념에 맞게 x의 값이 2배, 3배, …가 될 때 y의 값도 2배, 3배, …가 되는 것까지 체크할 필요도 있다.

문제
난이도 ★

1L의 휘발유를 넣으면 12km를 갈 수 있는 자동차가 있다. 이 자동차를 타고 108km 떨어진 지점까지 갈 때, 소모되는 휘발유의 양을 구하시오.

읽고 표시하기

1L의 휘발유를 넣으면 12km를 갈 수 있는 / 자동차가 있다. 이 / 자동차를 타고 108km떨어진 / 지점까지 갈 때, <u>소모되는 휘발유의 양</u>을 구하시오.

문제 이해하기　먼저 두 개의 변수를 결정해야 한다. 일단은 문제에 너무 얽매이지 말고 편안하게 읽으면서 어떤 것을 투입했을 때 무엇이 결정되어 나오는지 찾아본다. 문제에서 자동차가 1L당 12km를 달린다고 했으므로 소모한 휘발유의 양에 따라 자동차의 달린 거리가 결정된다. 즉, 자동차가 소모한 휘발유의 양이 결정되면 그 양에 12를 곱해서 달린 거리를 구할 수 있다.

휘발유의 양과 달린 거리 사이의 관계는 (달린 거리)=12×(휘발유의 양)이다. 따라서 이 관계식을 만든 다음 변수에 찾아낸 조건을 넣으면 필요한 값을 구할 수 있다.

소모된 휘발유의 양을 x로 두고 달린 거리를 y라고 하자. 휘발유 1 L당 12 km를 달리므로 관계식은 $y=12x$이다. 간단하게 관계식이 만들어졌다.

문제에서 요구하는 것은 달린 거리 108 km를 주고 그만큼 달리려면 휘발유의 양이 얼마나 필요한가이다. 관계식의 x와 y에 들어갈 수를 찾아서 대입하면 되는데, 그러기 위해서는 애초에 변수가 무엇이었는지를 잘 살피는 게 중요하다. 달린 거리를 y라 두었으니 y에 108을 대입하고 x를 구해야 한다.

$y=12x$

$108=12x$

$x=9$

정답은 9 L이다.

1 1 L의 휘발유를 넣으면 35 km를 갈 수 있는 오토바이가 있다. 이 오토바이를 타고 280 km 떨어진 지점까지 갈 때, 소모되는 휘발유의 양을 구하시오.

2 | 용수철에 추를 매달아 늘이기

문제
난이도 ★★

어느 용수철 저울은 100g의 추를 달 때마다 0.3cm씩 늘어난다. 추의 무게를 xg, 용수철의 늘어난 길이를 $y$cm라고 한다면 용수철이 9cm 늘어났을 때 매달린 추의 무게를 구하시오.

읽고 표시하기

어느 용수철 저울은 100g의 추를 달 때 / 마다 0.3cm씩 / 늘어난다.
추의 무게를 xg, 용수철의 늘어난 길이를 $y$cm라고 한다면 / <u>용수철이 9cm 늘어났을 때 매달린 추의 무게를 구하시오</u>.

문제 이해하기　　　용수철 저울은 용수철에 매달린 추가 무거울수록 용수철이 점점 늘어난다.

문제에는 추 100g마다 용수철 길이가 0.3cm씩 늘어난다고 제시되어 있다. 변수를 이미 정해 주었기 때문에 그걸 고민할 필요는 없다.

하지만 관계식을 어떻게 세울 것인가? 고민된다면 초등학교 때 배운 비례식을 이용하는 것도 나쁘지 않다. 오히려 이러한 상황이 비례에 대한 것임을 판단해 볼 수 있는 좋은 기회일 수도 있다.

식을 세운 다음에는 한 변수에 수를 넣고 필요한 값을 얻어야 하는데 이때 각 변수를 제자리에 넣어야 옳은 값을 얻을 수 있다. 뿐만 아니라 단위도 잘 맞춰서 식을 세워야 함을 잊지 말아야 한다.

풀이 계획 짜기 비례식을 사용하거나 1 g당 늘어나는 길이를 구해서 x에 곱하면 된다. 여기서는 비례식을 이용해 보기로 하자.

$$(추의 무게):(용수철의 늘어난 길이)=(100\,g):(0.3\,cm)$$

조건 찾아 넣기 수식 계산하기

$$100:0.3=x:y$$
$$100y=0.3x$$
$$y=\frac{0.3}{100}x$$
$$y=0.003x$$

여기서 잠깐 $\frac{0.3}{100}x$의 의미를 좀 더 살펴보기로 하자.

x에 $\frac{0.3}{100}$을 곱했다는 것인데 이 수가 1 g당 늘어나는 용수철의 길이라는 것이다. 여기에 지금 매단 추의 무게 x를 곱하면 늘어난 용수철의 길이를 알 수 있다. 따라서 용수철이 9 cm 늘어났을 때 매달린 추의 무게를 구하려면 x가 아닌 y에 9를 대입하여 x를 구해야 한다.

$$9=0.003x$$
$$x=\frac{9}{0.003}=3000$$

정답 표현하기 문제에 제시된 무게 단위를 써서 정답은 3000 g이다.

2 어느 용수철은 20 g짜리 추를 매달면 4 cm씩 늘어난다. x g짜리 추를 매달았을 때 늘어난 용수철의 길이는 y cm라고 한다면 용수철이 11 cm 늘어났을 때 매달린 추의 무게를 구하시오.

문제
난이도 ★★★

> 5분에 1cm씩 타는 25cm 길이의 양초가 있다. 불을 붙여서 지난 시간을 x분
> 이라 하고 남아 있는 양초의 길이를 $y$cm라 할 때 x의 값의 범위를 구하시오.

읽고 표시하기

5분에 1cm / 씩 타는 25cm 길이의 양초 / 가 있다. 불을 붙여서 지난

시간을 x분 / 이라 하고 남아 있는 양초의 길이를 $y$cm / 라 할 때 x의

값의 범위를 구하시오.

문제 이해하기　　　　앞서 푼 문제에서는 용수철에 추를 달 때마다 용수

철의 길이가 점점 늘어났다. 그런데 양초 문제는 반대의 상황으로 보

인다. 불을 붙이면 양초가 타면서 길이가 점점 줄어들기 때문이다. 우

선 남아 있는 양초의 길이를 어떻게 구할지 생각해 보자.

(남은 양초의 길이)는 (원래 양초의 길이)에서 (타들어 간 양초의 길

이)를 빼서 구한다.

246

그다음엔 불을 붙여서 지난 시간이 어떤 범위를 가지게 될지 따져 보면 되는데, 양초의 길이가 어떻게 변하는지 생각해 보면 금방 알 수 있다. 양초는 시간이 지남에 따라 일정한 정도로 줄어드는데 그 정보는 문제에서 항상 알려 준다.

불을 처음 붙이기 시작할 때가 양초의 길이가 가장 길다. 그리고 점점 타들어 가다가 양초의 길이가 0이 되면 상황이 끝난다.

풀이 계획 짜기   먼저 주어진 정보를 통해 타들어 간 양초의 길이를 구한다. 타들어 간 양초의 길이는 (1분당 타는 길이)×(시간)으로 구할 수 있다.

그런 다음 (남은 양초의 길이)=(원래 양초의 길이)-(타들어 간 양초의 길이)라는 관계식을 완성할 수 있다. 이 관계식을 통해 (남은 양초의 길이)가 (원래 양초의 길이)와 같을 때부터 0이 될 때까지 시간을 구하면 원하는 답이 나온다.

조건 찾아 넣기 **수식 계산하기**   원래 양초의 길이는 25 cm이다. 타들어 간 양초의 길이를 구하려면 1분당 타는 길이가 필요한데 그런 내용은 없고 '5분에 1 cm씩'이라는 정보가 전부다. 이 정보를 어떻게 사용할 것인지는 잠시 미뤄 두고 일단 대략적인 식을 세워 보자.

$$y = 25 - \{(1분당 \ 타는 \ 길이) \times (시간)\}$$

이제 우리가 이미 배운 비례식을 사용해서 1분당 타는 길이를 계산한다.

$$(5분) : (1 \, cm) = (1분) : (a \, cm)$$

$$5a = 1$$

$a=\dfrac{1}{5}$이므로 1분에 $\dfrac{1}{5}$ cm씩 타들어 간다는 걸 알 수 있다.

이 값을 먼저 구상한 식에 대입해 보자.

$y=25-\dfrac{1}{5}x$

식을 세우고 보니 우리가 구한 관계식이 정비례 관계식은 아니란 걸 알 수 있다. 만약 문제에서 y를 남은 양초의 길이가 아니라 타들어 간 양초의 길이라고 했다면 $y=\dfrac{1}{5}x$가 되어 정비례 관계가 되었을 것이다. 하지만 이 문제는 한 차례 꼬아서 낸 정비례 관계의 응용문제이다.

다시 문제 풀이로 돌아오면 x의 범위를 구하는 것이 최종 목표이다.

x는 양초가 타는 시간을 변수로 둔 것인데, 양초가 타기 시작하는 시간 부터 다 탄 시간까지가 바로 범위가 되겠다. 타기 시작하는 시간은 물론 0분이다. '다 탈 때까지 걸리는 시간'이 문제인데, 이 수치는 그때의 남은 양초 길이 y가 0임을 이용하여 구하면 된다.

$y=25-\dfrac{1}{5}x$

$y=0$을 대입하면 $0=25-\dfrac{1}{5}x$이다.

$\dfrac{1}{5}x=25$

$x=125$

정답 표현하기   125분이 지나야 양초가 다 탄다는 말이 되므로 정답은 $0\leq x\leq125$이다.

248

3 길이가 30cm인 양초가 1시간에 5cm씩 타들어 간다. 양초에 불을 붙이고 x시간이 지난 후 타들어 간 양초의 길이를 $y$cm라고 할 때, x의 값의 범위를 구하시오.

4 길이가 20 cm인 초가 1시간에 4 cm씩 타들어 간다고 한다. 초에 불을 붙이고 x시간이 지난 후 남은 초의 길이를 y cm라고 할 때, x의 값의 범위를 구하시오.

13

반비례 관계

반비례 관계식의 꼴은 $xy=a$이므로
문제 유형은 두 가지 변수를 곱했을 때 항상 같은 값을 가져야 하는 상황이다.
따라서 일정한 개수의 물건을 나눠 주거나
일정한 면적을 칠하거나 타일을 붙이는 형태의 문제가 주를 이룬다.

정비례와 반비례의 다른 점

반비례 관계는 정비례 관계와 사뭇 다르다. 반비례 관계에서는 x의 값
이 2배, 3배, …가 될 때 y의 값은 $\frac{1}{2}$배, $\frac{1}{3}$배, …가 되기 때문이다. 이것
을 다르게 생각해 볼 수도 있다. 반비례의 관계식 $y = \frac{a}{x}$에서 식을 변형
시켜 보면 $xy = a$가 되기 때문에 두 변수의 곱이 일정할 때 두 변수는
서로 반비례 관계라고 생각할 수 있다.

정비례와 반비례의 중요한 차이점이 하나 더 있다.

정비례 관계인 경우는 x의 값이 0이 될 수 있다. 하지만 반비례 관계는
x가 분모에 있기 때문에 결코 0이 될 수 없다. 수학에서 0으로 나누는
것은 절대금지라는 걸 떠올린다면 말이다.

문장제 유형 소개

반비례 관계식의 꼴을 유심히 살펴본다면 문장제 유형으로 제시될 상
황을 대충 짐작해 볼 수 있다. 두 가지 변수를 곱했을 때 항상 같은 값
을 가져야 하기 때문이다.

예를 들어 몇 명의 사람에게 똑같이 과일을 나누어 주는 상황에서 과
일은 100개로 정해져 있다. 이것이 바로 '똑같이 나누어 먹기' 유형이다.
또, 일정한 면적의 벽이 있는데 여기에 같은 크기의 타일을 붙인다고
할 때 가로와 세로에 들어갈 타일 개수를 묻는 '타일 붙이기' 유형이
있다. 타일이 아니라 페인트로 바꾸어도 마찬가지이다.

물론 이런 상황의 문제가 무조건 반비례 관계와 관련된 것이라고 단정
할 수는 없다. 변수를 무엇으로 두느냐에 따라 달라질 수도 있기 때문
에 문제의 상황을 이해하고 관계식을 세워야 어떤 관계식인지 파악할

수 있다.

반비례 관계의 경우에는 x라는 변수에 0을 넣어 생각할 수가 없다. 따라서 문제에서 변수를 정했을 때 원점(0, 0)을 지나갈 수 있는지 체크해 보는 것이 크게 도움이 된다.

예를 들어 볼까? 넓이가 50m²인 벽을 칠할 수 있는 페인트로 가로의 길이가 xm인 벽을 칠할 때, 세로의 길이는 ym까지 칠할 수 있다고 상황을 주었다. 그런데 여기서 가로의 길이가 0m인 벽을 칠한다는 것 자체가 말이 되지 않는다. 50m²의 벽이 구성되지 않기 때문이다.

1 똑같이 나누어 먹기

문제
난이도 ★

> 24개의 귤이 있다. x명이 똑같이 나누어 먹으면 한 사람이 y개의 귤을 먹을 수 있다고 할 때, 8명이 나누어 먹을 때 한 사람이 먹을 수 있는 귤의 개수를 구하시오.

읽고 표시하기

24개의 귤 / 이 있다. x명 / 이 똑같이 나누어 먹으면 한 사람이 y개의 귤 / 을 먹을 수 있다고 할 때, 8명 / 이 나누어 먹을 때 <u>한 사람이 먹 을 수 있는 귤의 개수</u>를 구하시오.

문제 이해하기　　　가장 단순한 상황의 반비례 관계 문제이다. 귤의 전체 개수가 정해져 있고 그것을 사람 수로 나눌 때 한 사람이 먹을 수 있는 귤의 개수를 구하는 문제이다. 귤의 개수는 이미 정해져 있으므로 사람 수와 한 사람당 귤의 개수 사이의 관계를 잘 파악하면 관계식을 쉽게 세울 수 있다.

(사람 수)×(한 사람당 귤의 개수)=24라는 관계가 성립하므로 변수를 정해 식을 완성하면 된다.

문제에서 사람 수를 x, 한 사람당 귤의 개수를 y라고 정했으므로

$y=\dfrac{24}{x}$ 라는 관계식을 세울 수 있다.

문제에서 말한 8명은 사람 수에 해당하기 때문에 x에 8을 대입하면

$y=\dfrac{24}{8}=3$을 얻게 된다.

　한 사람당 귤을 3개씩 먹을 수 있다.

1 132개의 사탕이 있다. x명이 똑같이 나누어 먹으면 한 사람이 y개의 사탕을 받을 수 있다고 할 때, 한 사람이 12개의 사탕을 받았다면 사탕을 받은 사람은 모두 몇 명인지 구하시오.

문제
난이도 ★

가로, 세로의 길이가 1cm인 정사각형의 타일 108개를 붙여 직사각형을 만들려고 한다. 직사각형의 가로 한 줄에 붙이는 타일의 개수를 x개, 세로 한 줄에 붙이는 타일의 개수를 y개라고 할 때, 세로 한 줄에 붙인 타일의 개수가 6이라면 가로 한 줄에 붙인 타일의 개수를 구하시오.

읽고 표시하기

가로, 세로의 길이가 1 cm인 정사각형 / 의 타일 108개 / 를 붙여 직사각형을 만들려고 한다. 직사각형의 가로 한 줄에 붙이는 타일의 개수를 x개, / 세로 한 줄에 붙이는 타일의 개수를 y개 / 라고 할 때, 세로 한 줄에 붙인 타일의 개수가 6 / 이라면 <u>가로 한 줄에 붙인 타일의 개수를 구하시오.</u>

문제 이해하기 타일 붙이는 유형은 이미 방정식에서 다룬 적이 있다. 이런 이유 때문에 방정식의 문장제와 별개가 아니라고 볼 수 있다. 타일을 붙이는 문제에서 타일을 붙일 공간은 항상 직사각형이다. 빈틈 없이 붙여야 하기 때문이다. 사실 이 문제에서 타일의 크기는 별로 중요한 정보가 아니다. 가로 한 줄의 타일 개수와 세로 한 줄의 타일 개수만 알면 그 둘을 곱한 것이 총 타일의 개수가 되기 때문이다.

풀이계획 짜기

(가로에 붙이는 타일의 개수)×(세로에 붙이는 타일의 개수)
=(전체 타일의 개수)

조건찾아 넣기   직사각형의 가로 한 줄에 붙이는 타일의 개수를 x개
→ (가로에 붙이는 타일의 개수)는 x이다.
세로 한 줄에 붙이는 타일의 개수를 y개라고 할 때 → (세로에 붙이는 타일의 개수)는 y이다.
타일 108개를 붙여 → (전체 타일의 개수)는 108이다.
그렇다면 관계식은 매우 간단하게 정리된다.

$$xy = 108$$
$$y = \frac{108}{x}$$

수식 계산하기   세로에 붙인 타일의 개수가 6이라고 했기 때문에
y값으로 6을 대입하면
$6 = \dfrac{108}{x}$ 이므로
$x = \dfrac{108}{6} = 18$이다.

정답 표현하기   가로 한 줄에 붙인 타일의 개수는 18개이다.

258

2 정사각형 타일 56개를 빈틈없이 맞추어 놓아 직사각형을 만들려고 한다. 가로, 세로에 놓인 타일의 개수가 각각 x, y이고 가로에 놓인 타일이 4개일 때, 세로에 놓인 타일의 개수를 구하시오.

3 | 페인트칠하기

문제
난이도 ★

> 넓이가 12m²인 벽을 칠할 수 있는 양의 페인트로 가로의 길이가 x m인 벽을 칠할 때 세로의 길이는 y m까지 칠할 수 있다고 한다. 3m인 가로의 벽을 칠한 다면 세로의 길이는 몇 m까지 칠할 수 있는지 구하시오.

읽고 표시하기

넓이가 12m² / 인 벽을 칠할 수 있는 양의 페인트로 가로의 길이가 x m / 인 벽을 칠할 때 세로의 길이는 y m / 까지 칠할 수 있다고 한다. 3m인 가로의 벽 / 을 칠한다면 <u>세로의 길이는 몇 m까지</u> 칠할 수 있는지 구하시오.

문제 이해하기 　　　　직사각형의 벽에 페인트칠을 하는 문제 유형도 타일 붙이기와 다를 바 없다. 결국 페인트칠을 한 벽의 넓이도 가로의 길이와 세로의 길이를 곱해서 얻어지기 때문이다.

(벽의 가로 길이)×(벽의 세로 길이)=(전체 벽의 넓이)의 관계식을 이용하여 문제의 조건을 변수에 넣어 필요한 값을 구한다.

가로의 길이가 x m인 벽 → (벽의 가로 길이)는 x이다.

세로의 길이가 y m까지 → (벽의 세로 길이)는 y이다.

넓이가 12 m^{2}인 벽 → (전체 벽의 넓이)는 12이다.

따라서 $xy=12$, 즉 $y=\dfrac{12}{x}$

라는 관계식을 얻을 수 있다.

벽의 가로 길이를 3 m 칠한다고 했으므로 x에 3을 대입하여 y의 값을 구한다.

$y=\dfrac{12}{3}=4$

가로가 3 m일 때, 세로는 4 m까지 페인트칠을 할 수 있다.

3 넓이가 $630 \, \text{cm}^2$인 종이를 칠할 수 있는 물감으로 가로의 길이가 $x \, \text{cm}$인 직사각형 종이를 칠할 때 세로의 길이는 $y \, \text{cm}$까지 칠할 수 있다. $18 \, \text{cm}$인 세로의 직사각형 종이를 칠한다면 가로의 길이는 몇 cm까지 칠할 수 있는지 구하시오.

4 넓이가 36 m²인 벽을 칠할 수 있는 양의 페인트로 가로의 길이가 x m인 벽을 칠할 때 세로의 길이는 y m까지 칠할 수 있다고 한다. 4 m인 세로의 벽을 칠한다면 가로의 길이는 몇 m까지 칠할 수 있는지 구하시오.

정비례와 반비례가 모두 가능한 소재의 관계 파악하기

중학교 1학년 정비례, 반비례 단원에서 다루는 문장제 유형은 그 주제만 보아도 대강 정비례 관계인지 반비례 관계인지 감이 딱 온다. 하지만 성급한 판단에는 항상 문제가 뒤따른다. 소재만 보아서는 정비례와 반비례를 판단하기 어려운 경우도 있기 때문이다.

가장 대표적인 것이 톱니바퀴 문제와 속력 문제이다.

먼저 톱니바퀴 문제는 정비례, 반비례 단원에서만 출제되는 것이 아니다. 최소공배수 주제에서 다루기도 한다. 최소공배수 문제로 톱니바퀴 문제를 해결할 수 있다면, 기본 개념은 잡혀 있는 셈이다. 정비례, 반비례 단원에서는 변수를 잡는 데 집중하자.

> 톱니의 수가 각각 24개와 48개인 두 톱니바퀴 A, B가 있다. A톱니바퀴가 x번 회전할 때, B톱니바퀴는 y번 회전한다.

> 톱니의 수가 각각 24개와 x개인 두 톱니바퀴 A, B가 있다. A톱니바퀴가 5번 회전할 때, B톱니바퀴는 y번 회전한다.

두 개의 문제를 비교해서 보면 알 수 있듯이 변수를 주는 방식이 두 가지다. 두 종류의 톱니바퀴의 톱니 수는 가르쳐 주고 회전수를 각각 변수로 잡는 방식과 한 톱니바퀴의 톱니 수와 회전수를 가르쳐 주고 나머지 톱니바퀴의 톱니 수와 회전수를 각각 변수로 잡는 방식이다. 변

수는 이미 문제에서 주고 있으니 둘의 관계에서 파악한 성질로 등식을
세우는 일이 중요하다.

톱니바퀴 문제는 이미 살펴보았듯이 바퀴 수를 셀 때 두 바퀴의 일정
지점에 점을 각각 찍어 놓고 생각하면 쉽다. 톱니 수가 많다는 건 그만
큼 바퀴가 크다고 생각할 수 있다. 톱니 하나하나의 크기는 모두 똑같
다고 생각해야 문제가 성립되기 때문이다.

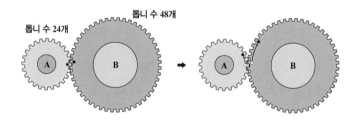

그럼 큰 바퀴가 1바퀴 돌 동안 작은 바퀴는 훨씬 회전을 많이 할 것이
다. 그렇다면 한 지점에서 지나간 톱니 수는 결국 각 바퀴가 가진 톱니
수와 회전수를 곱하는 것이므로 등식은 그 결과가 서로 같다는 걸 이
용하여 세운다.

$$(작은 바퀴의 톱니 수) \times (작은 바퀴의 회전수)$$
$$=(큰 바퀴의 톱니 수) \times (큰 바퀴의 회전수)$$

첫 번째 문제는 $24x=48y$이므로 $y=\dfrac{1}{2}x$로 관계식이 만들어진다.
만약 변수의 지정이 달라지면 어떻게 될까?
두 번째 문제를 생각해 보자.

아이디어는 마찬가지인데 그곳에 들어가는 수와 문자만 달라질 뿐이다.

(작은 바퀴의 톱니 수)×(작은 바퀴의 회전수)

＝(큰 바퀴의 톱니 수)×(큰 바퀴의 회전수)

$24×5＝xy$이므로, $y=\dfrac{120}{x}$의 관계식이 만들어진다.

이건 분명 아까와 다른 관계이다. 정비례 관계가 아니라 반비례 관계가 된다. 따라서 톱니바퀴 문제라는 겉모양만 보고 무조건 정비례 관계라든가 반비례 관계라고 해 버리면 큰 실수를 하게 된다.

이런 문제는 톱니바퀴에서만 일어나는 건 아니다. 속력 문제도 마찬가지 상황이 일어난다.

속력 문제를 보면 마우스 공식에서 보듯이 거리, 시간, 속력이라는 3가지 요소가 있기 때문에 이 중 한 가지만 고정하고 나머지 두 개를 변수로 정하는 상황을 만들 수 있다. 예를 들어 보면 다음과 같이 세 가지 경우가 있다.

  1. 시간을 2시간으로 고정해 두고 속력을 x, 거리를 y라고 정하기

     ⇨ $y=2x$이므로 정비례 관계이다.

  2. 속력을 $80\,km$/시로 고정해 두고 거리를 x, 시간을 y라고 정하기

     ⇨ $y=\dfrac{x}{80}$ 이므로 분수 형태이긴 하지만 결국 $y=\dfrac{x}{80}x$이므로 정비례 관계 이다.

  3. 거리를 $200\,km$로 고정해 두고 속력을 x, 시간을 y라고 정하기

     ⇨ $y=\dfrac{200}{x}$ 이므로 반비례 관계이다.

따라서 속력과 관련된 함수 문제를 풀 때 상황마다 다를 수 있다는 걸 잊지 말아야 한다.